[개정판]

식탁 위의 생명공학

[개정판]

식탁 위의 생명공학

농업생명공학기술바로알기협의회

푸른길

개정판 머리말

초판이 나오고 7년이 지나 개정판을 내게 되었다. 그동안 생명공학 작물 재배 면적은 52.6백만 ha(2001년)에서 125백만 ha(2008년)로 2배가 넘게 늘어나고 재배 국가도 13개 나라에서 25개 나라로 2배가 넘게 늘었다. 전 세계에서 재배되는 콩, 옥수수, 카놀라, 목화의 경우 생명공학 품종이 40%를 넘어서고 있다. 세계 25개국에서 생산하고 55개국 45억 명 인구가 지난 14년간 소비하며 수를 헤아릴 수 없이 많은 가축들이 생명공학 작물로 사육되고 있어도 위해성이 문제를 일으킨 사례는 없다. 생명공학 작물은 이제 보편화되었다.

처음 어설프게 시작한 초판이 의외로 폭넓은 지지와 좋은 반응을 얻어 무척 부담스러웠다. 그사이 일반 소비자를 위해 생명공학 작물을 소개하고 그 필요성과 안전성을 설명하는 출판물이 상당수 간행되었다. 이를 감안해 개정판은 좀 더 전문성을 강화하고, 생명공학 작물을 소개하는 수준을 넘어서서 생명공학 작물을 보다 자세히 이해하고자 하는 독자들을 염두에 두고 내용을 다소 심화시켰다.

그동안 우리는 곡물 가격 파동을 겪기도 했지만 그럼에도 많은 소비자들은 여전히 생명공학 작물의 필요성과 안전성에 확신을 갖지 못하고 있다. 광우병 촛불시위로 점화된 반과학적인 사회 정서도 무관하지 않은 것으로 보인다. 일부 언론에서는 인도에서 양과 염소가 생명공학 목화를 먹고 떼

죽음을 했다고 보도했다. 소비자 단체 임원들과 신문 기자를 모시고 확인차 현장을 다녀오기도 하였다. 그런 일은 있을 수도 없고 일어나지도 않았다는 사실을 확인하면서 모두가 허탈해지기도 하였다. 다행인 것은 이런 우여곡절을 겪으며 최근 들어 언론의 시각이 전과 다르게 객관적이고 과학적으로 바뀌고 있다는 점이다.

이제까지 남의 나라에서 개발한 생명공학 작물에 대한 이야기만 했는데 그간 국내의 연구 개발 결과도 세계적인 수준에 이르렀음을 보여 주는 기분 좋은 일들도 있었다. 가뭄에 견디는 벼를 개발하여 인도에 기술을 전수하였고 초다수확성 벼를 개발하여 독일에 기술을 전수하였다. 우리가 생산한 농산물로 세계인의 식탁을 지켜 줄 수는 없지만 우리가 개발한 기술로 세계인의 식탁을 지켜줄 수는 있을지도 모른다는 가능성을 보였다. 생명공학 시대에 살면서, 우리가 시대의 흐름을 주도하기 위해 국내 과학자들이 각고의 노력을 기울인 결과이다.

이번 개정판을 내면서 고교 생물교과서를 집필하신 박성은(상암고등학교), 배미정(여의도고등학교), 오현선(서울대사대 부설고등학교), 이경형(서울고등학교), 이규영(잠실여자고등학교), 조경주(반포고등학교) 선생님 등 6분의 과학교사들을 모시고 책의 체제와 내용 그리고 용어 등에 관한 상세한 자문을 받을 수 있었다. 특히 과학자들이 쓴 이해 못 할 문장들을 일일이 손보아 주셨다. 이분들은 1년 넘게 같이 포럼을 진행하고 미국 생명공학 작물의 재배 현장과 관리 기관을 방문하면서 느끼신 바를 심도 있게 자문해 주셨다. 진실에 대한 열정에 무한히 감사를 드린다. 또한 처음부터 끝까지 반복해서 읽으시며 용어를 통일하시고 체제와 표현을 일일이 손보아 주신 김해영 교수님께도 각별한 감사의 말씀을 드립니다.

2009년 봄

초판 머리말

21세기에는 인구의 폭발적 증가와 함께 가속화된 산업화로 말미암아 경지 면적은 줄고 농업 환경은 더욱 피폐해질 것으로 예상된다. 지금도 이미 화석 에너지원의 고갈로 대체 에너지 개발이 시급히 요구되고 있으며, 지구의 자연 환경 보존 목소리도 그 어느 때보다 높다. 한마디로 식량, 에너지, 환경 문제가 신세기에 우리가 시급히 해결해야 할 과제이다. 이에 과학계에서는 식량 및 대체 에너지원의 공급을 증대시키고 환경을 보존할 수 있는 보편적인 수단으로 환경 친화적 생명공학(유전자 변형, GM) 작물의 활용이 제시되고 있다. 따라서 선진국들은 이의 기반이 되는 식물 유전체 연구에 대규모 투자를 아끼지 않고 있으며, 이를 이용한 식물 생명공학 산업을 국가 전략 산업으로 집중 육성하고 있다.

외래 유용 유전자의 이식 발현을 통해 식물의 특성을 전환시킬 수 있는 생명공학 작물 제조 기술은 1994년 쉽게 물러지지 않는 연화 지연 토마토 FLAVR SAVRⓡ의 상품화를 시작으로 그 모습을 실체화하였다. 이후 지금까지 개발 실용화된 작물은 제초제 내성 콩, 카놀라, 목화, 그리고 해충 저항성 옥수수 등이 있으며, 2008년 현재 22작물 132품목이 상업화되었다. 이와 같이 생명공학 작물 생산 기술은 '맞춤 식물(designer plant)' 제조 기술로 진화하여 일상생활 속에 자리 잡고 있다. 다음 세대의 생명공학 작물은 단순한 제초제 및 병해충 저항성을 넘어서서 특정 영양소, 의약 성분 또는 건강 기능성을 향상시켜 부가가치를 증가시킨 신품종 맞춤 작물이 지속적으로 개발 · 상업화될 것이다.

그러나 생명공학 작물의 식품 및 환경 안전성에 대한 의구심이 일기 시작하였고, 생산 및 소비에 대한 전반적인 문제가 뜨거운 쟁점으로 부각되기도 하였다. 이에 각국 정부는 객관적인 안전성을 확보하기 위한 제도적인 장치를 마련하고 있으며, 아울러 과학기술자들은 더욱 안전한 기술 개발에 힘쓰고 있다.

이 책은 새로 부상하는 생명공학 작물 육성 기술을 중심으로 과학적인 지식을 바탕으로 기술의 개발 과정 및 그 산물의 안전성과 위해성에 대하여 올바른 인식을 갖는 데 기여하고자 한다. 개발과 규제 분야의 다양한 전문가를 모시고 과학적인 근거에 입각하여 생명공학 농산물에 대해 최대한의 정보를 제공하고자 노력하였다.

과학 기술은 위험성과 편리함의 양면성을 모두 가지고 있다. 자동차에서 뿜어내는 배기가스가 대기를 오염시키고 교통사고로 인해 많은 사람들이 다친다고 하여 우리가 자동차의 편리함을 포기할 수 없는 것과 같다. 사실 기술 그 자체는 선하지도 악하지도 않다. 선악은 우리가 그것을 어떻게 사용하느냐에 따라 결정된다.

자동차가 대중 교통수단으로 이용되기 시작한 후에도 1896년까지 자동차의 제한 속도는 시속 6.4km(4마일), 그나마 시내에서는 3.2km로 제한하였으며 낮에는 차 앞에 붉은 깃발을 든 사람을, 밤에는 붉은 등불을 든 사람을 앞세우게 하였다. 이것이 자동차의 발달을 저해하였다고 할 수도 있지만 새로운 기술은 늘 이렇게 조심스럽게 시작되었으며 그 점에서 생명공학 작물도 예외는 아니라고 생각한다.

과학 기술의 긍정적인 측면과 부정적인 측면은 그 사회의 주어진 여건에 따라 냉철하게 비교·검토되어야 하며 궁극적으로 선택은 소비자가 하게 하여야 한다. 선택과 구매는 소비자의 권리이다. 정부는 잠재적 위험성과 편리함을 잘 저울질하고 적절한 규제 비용을 감안하여 생명공학 작물과 그 산물의 안전성을 평가할 수 있는 방법과 규제 방법을 확립하여야 하며, 소비자는 이러한 제도적 노력의 순수성을 믿어야 할 것이다.

소비자들도 올바른 판단과 결정을 할 수 있도록 좀더 적극적으로 새로운 기술에 대해 관심을 가지고 충분한 지식을 쌓아야 할 것이다. 과학 기술의 기본적인 원리를 이해할 때 진정한 윤리적·사회적·경제적 문제점과 막연한 공포와 무관심에서 비롯되는 불안감을 해결할 수 있을 것이다. 생명공학의 혁명과 더불어 이제 곧 일반 대중도 자신이 먹게 되는 식단뿐 아니라 질병의 치료, 배우자 및 태어날 자식들의 유전자형의 선택에 이르기까지 매 순간 생명공학적인 결정을 해야 할 때가 올 것이다.

소중한 시간을 할애하여 원고를 읽어 주시고 세세한 부분까지 조언을 해 주신 주변의 많은 분들 특히 '농업생명공학기술바로알기협의회' 회원 여러분들에게 감사드리며 이 조그마한 책이 생명공학 발전에 기여하기를 기원한다.

차례

차례

1

생명공학 작물

21세기를 살고 있는 사람이라면 생명공학, 유전공학, 유전자 재조합, 유전자 변형 혹은 GMO(Genetically Modified Organism)이라고 하는 단어들은 매우 친숙해졌다. 매일 아침 TV나 신문을 보면 하루가 다르게 발전해 가는 생명공학 기술을 전하느라 분주하다. 그러다 인간 복제에까지 이야기가 번지면서 염려스러운 분위기로 논의를 멈추게 된다. 그중에도 특히 생명공학 작물(GM 작물)은 단골 메뉴로 등장하는데 대부분의 경우 부정적인 결론으로 이야기가 끝나게 되어 안타까울 따름이다. 2007년에 우리가 수입한 농산물 중 생명공학적 유전자 변형 기술로 육성한 제초제 내성 콩이 79%, 해충 저항성 옥수수가 51%를 차지하는 만큼 이미 우리 주변에 깊숙이 자리 잡고 있음에도 불구하고 아직도 논란은 거듭되고 있다.

인간의 수명을 연장하려는 생명공학의 발달 덕분에 인구는 폭발적으로 증가하여 심각한 식량 문제를 예고하고 있으며 농약 등으로 오염되는 농산물과 환경을 보호하기 위한 해결책이 요구되고 있다. 여러 가지 방안 중에 생명공학 기술을 이용한 생명공학 농산물 및 이로 만든 식품이 대안으로 떠오르고 있다. 즉 보다 깨끗한 농산물을 보다 많이 생산할 수 있는 새로운 농업 기술이 요구되고 있다. 그러나 생명공학 작물을 제대로 이해하지 못하고 막연히 부정적인 입장을 취하는 사람들이 많다. 21세기는 생명공학의 시대라고 한다. 앞으로 다양한 형태의 생명공학 작물 및 식품이 지속적으로 개발, 시판될 것이다. 따라서 소비자인 우리는 생명공학 작물과 식품이 과연 무엇이며 어떻게 만들어지고 그들은 정말 안전한 것인지에 대한 과학적인 이해가 필요하다.

1. 전통 교배 육종과 녹색 혁명

지구상에 존재하는 모든 생명체의 특성은 세포 내의 유전 정보에 의해 결정된다. 이러한 정보의 단위를 유전자라고 하며, DNA 형태로 세포 속에 존재한다. 따라서 유전 정보가 달라지면 개체의 특성도 달라지는 것이다. 부모님과 형제와 나와 친구가 다른 것은 바로 이 유전 정보가 다르기 때문이다. 같은 부모에서 태어난 형제들이 비슷하지만 똑같은 사람이 없는 것처럼 유전 정보의 재조합 정도 차이로 인해 조금씩 다른 개체가 나타나는 것이다. 생식 과정에서 DNA는 매우 다양하게 재조합되어 두 개체 사이에서 태어나는 후손은 그 특성이 매우 다양하다.

한편 암꽃(암컷)과 수꽃(수컷)의 다양성은 생식 과정에서 이루어지는 재조합과 더불어 주로 자연계에서 이루어지는 돌연변이 결과 얻어지지만, 유전 정보의 결합이 이루어지는 수정의 범위는 매우 제한적이다. 이런 현상은 자연계에서 오랜 진화 과정을 거치며 생겨난 현상으로 교배 가능 범위가 같은 종 내로 지극히 한정되어 있어 유전 정보의 다양성은 제한적일 수밖에 없다. 벼와 밀, 보리 간에는 수정이 이루어질 수 없고, 소와 말 간에도 수정이 이루어질 수 없는 것이 그 예이다. 따라서 인류는 좋은 작물의 종자를 보관했다가 다음 해에 심거나 좋은 종자끼리 교배를 통해 더 좋은 작물로 개량하는 방법으로 유전 정보를 변화시켜 왔으며 이러한 일련의 과정을 육종이라 한다.

교배 육종의 위력은 지난 1960년대 이룩한 녹색 혁명을 통해 너무도 잘 알려져 있다. 밀, 벼 옥수수 등 당시 키다리 작물에서 난쟁이 작물을 육종함으로써, 긴 잎과 키를 키우는 데 소모되는 에너지를 줄이고 비바람에 쉽게 쓰러지지 않아 큰 이삭을 달 수 있었다(그림 1-1). 곡물 생산을 두 배 이상 늘린 이 난쟁이 유전자는 녹색 혁명의 주역이었으며, 멕시코, 파키스탄 등 많은 저개발 국가를 기아에서 해방시킬 수 있었다. 이를 발굴 활용한 N. Borlaug 박사는 1970년 노벨 평화상을 수상하였다.

최근 연구 결과 이 난쟁이 유전자는 식물 호르몬 지베렐린의 생합성 혹은 감수성을 결정하는 유전자들로 애기장대의 GAI, 밀의 Rht-B1/D1 그리고 옥수수의 d8, 벼의 sd-1 등으로 밝혀졌다. 옥수수의 경우도 약 5,000~

그림 1-1. 키다리 밀과 난쟁이 밀

오른쪽 밀은 녹색 혁명 전의 키다리 밀이고 왼쪽 밀은 녹색 혁명을 거치면서 키가 작아진 난쟁이 밀

그림 1-2. 교배 육종의 위력
인간은 과거 5,000~10,000년에 걸친 교배를 통해 티오신테(teosinte, 왼쪽)에서 오늘날의 옥수수(오른쪽)를 육종하였다.

10,000년 정도의 시간에 걸쳐 잡초에 불과한 풀 티오신테에서 육종되어 오늘날의 옥수수가 되었다(그림 1-2).

더 거슬러 올라가면 벼도 풀과 다름없는 수준으로 그나마도 낟알이 쉽게 떨어지는 탈립 특성 때문에 수확해서 식용으로 사용하기에는 적합하지 않았다. 그러나 비탈립성 돌연변이(sh-2)를 발견하면서부터 곡식으로서의 중요성을 인식받기 시작하였으며 오랜 육종 과정을 거쳐 오늘날의 벼가 얻어졌다. 위와 같이 교배 육종은 오랜 세월을 거쳐 원하는 작물을 얻는다. 그러나 앞으로 30년 이내에 인류는 심각한 식량 부족을 겪을 것으로 예상하고 있기 때문에 빠른 시간 내에 교배 육종과 같은 효과를 얻어야 한다.

2. 생명공학 기술의 출현

오랜 육종으로 새로운 유전 정보를 제공할 암꽃(암컷)과 수꽃(수컷)의 다양성이 고갈되기 시작하였고, 1980년 후반으로 들어서면서 농업 생산성의 증가 속도가 현저히 감소하기 시작하였다. 1990년 이후 전 세계 곡물 생산량의 증가율은 인구 증가율을 밑돌기 시작하였고, 그 결과 농업 생산성을 늘리기 위한 새로운 방법이 요구되어, 전통적인 품종개량 방법에 새로운 유전공학 또는 생명공학 기술이 도입되었다.

교배를 통한 전통 육종 방법이 유전적으로 비슷한 개체들을 교배시켜 우수한 특성을 가진 개체를 선발함으로써 광범위한 유전자 재조합을 이용하는 기술이라면 생명공학적 방법은 소수의 특정 유전자를 선택적으로 이식시켜 제한된 수의 유전 정보를 변화시키는 기술이다(그림 1-3).

생명공학 기술을 이용하면 거의 모든 생물체에서 원하는 유전자를 분리하여 다른 개체에 그 유전자를 이식시킬 수 있다. 옥수수와 같은 작물의 세포에 들어있는 유전 정보의 양은 2.5×109bp로 그림 1-4에서와 같이 1,000쪽 짜리 서울시 전화번호부 1,700권을 모아 놓은 정도에 해당한다.

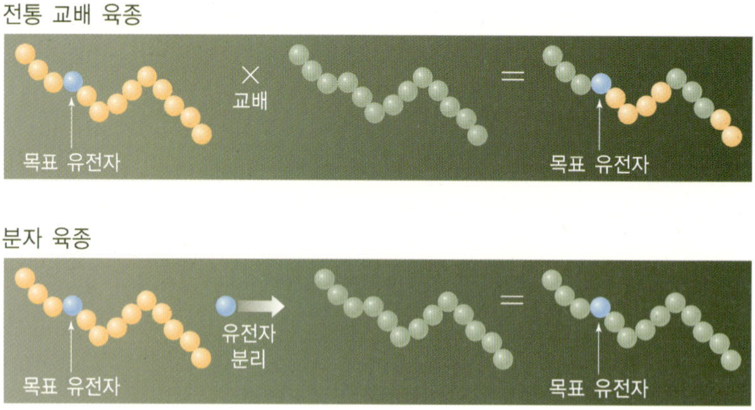

그림 1-3. 교배 육종과 생명공학적 방법에 의한 육종의 비교
전통적인 교배 육종에서는 광범위한 유전자의 재조합을 이용하지만(위쪽) 생명공학적 방법은 극히 제한된 소수 유전자를 이식 시켜서 작물의 특성을 의도한대로 변화시킨다(아래쪽). 변화하는 유전 정보의 상대적인 양을 주목할 필요가 있다.

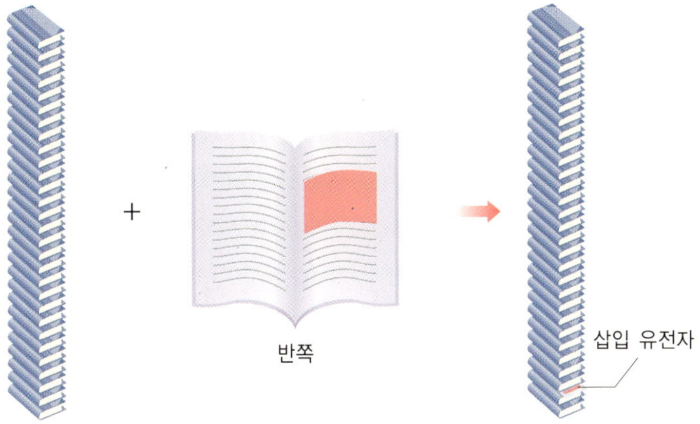

그림 1-4. 생명공학 작물의 유전자 변형 정도
옥수수의 특성을 결정하는 유전 정보를 작은 글씨로 정리하면 1,000쪽 크기의 서울시 전화번호부 1,700권을 쌓은 정도이다. 생명공학 기술을 이용하여 새로운 유전자 1종을 이식할 경우 그 정보량은 서울시 전화번호부 반쪽 정도에 불과하다.

그러나 생명공학 기술로 이식시키는 유전 정보의 양은 불과 책 반쪽 정도에 지나지 않는다. 거의 표시가 나지 않을 정도이다. 전통 교배 육종 과정에서 일어나는 광범위한 유전 정보의 재조합에 비하면 지극히 미미한 변화에 지나지 않는다(그림 1-4).

3. 생명공학 작물의 명명

과학자들은 이렇게 유전자를 이식시켜 개체의 특성을 변화시킨 유기체들을 형질 전환체라고 부른다. 벼, 옥수수 등 농작물의 경우 이를 형질 전환 작물로 부른다. 이 과정에서 일부 유전 정보가 변형되었다고 하여 유전자 변형 생물체 혹은 GMO(Genetically Modified Organism)라고 부르고 작물의 경우는 유전자 변형 작물 혹은 GM(Genetically Modified) 작물로 부르기도 한다. 이때 사용한 기술을 의미하는 유전자 재조합체 혹은 유전자 재조합 작물로도 부른다.

때로는 유전자 조작 생물체라고 부르는 경우도 있다. 이 용어는 일본어에서 유래한 것인데 일본어에서 '조작'은 중립적인 의미를 가지지만 우리말에서는 부정적인 의미로 쓰여 표준 용어로는 부적합하다.

이와 같이 같은 생물체를 놓고 사람에 따라 혹은 경우에 따라 다양한 이름으로 부르는 것은 혼란을 야기할 수 있어서 바람직하지 않다. 더군다나 정부의 법 규정마저도 부처에 따라 다른 용어를 쓰는데, 농림수산식품부에서는 유전자 변형 농산물이라 부르고 식약청에서는 유전자 재조합 식품이라 부른다.

한편 이들 생물체의 국가 간 이동에서 문제가 되는 것은 살아 있는 경우이기 때문에 이를 LMO(Living Modified Organism) 혹은 LM(Living Modified) 작물 이라 부른다. 즉 GMO가 LMO를 포함하는 더 포괄적 의미이다.

이와 같이 용어가 통일되어 있지 않기 때문에 이 책에서는 이를 보다 광범위한 의미로 생명공학 기술로 개발된 작물 혹은 식품을 생명공학 작물 혹은 생명공학 식품이라 부르기로 한다. 그러나 법 · 규정에서 쓰는 용어가 정부의 주관 부서에 따라 다르기 때문에 표시제를 포함한 법 · 규정 해설의 경우는 가급적 법 · 규정에서 사용하는 용어대로 쓰기로 하였다.

4. 생명공학 작물의 이점과 안전성

과거에는 농약을 사용하여 잡초와 병충해의 피해를 감소시키고 비료를

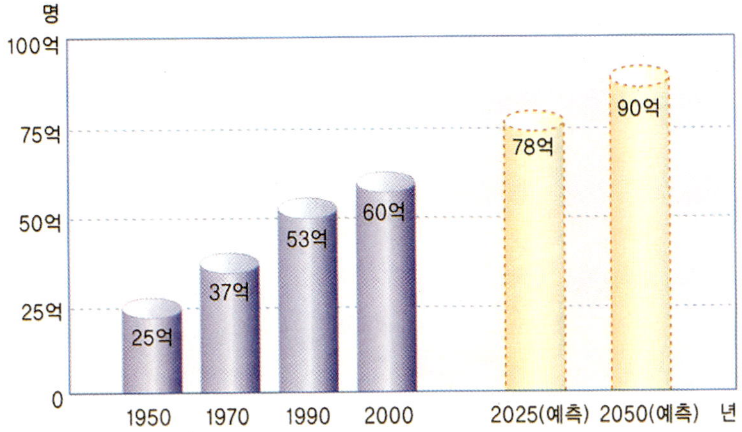

그림 1-5. 세계의 인구 증가 추이
현재의 곡물 생산량으로는 증가하는 세계의 인구를 모두 부양할 수 없다. 인구가 80억 명이 되는 2030년 전에 인간은 심각한 식량난에 봉착할 것으로 예측하고 있다.

뿌려 토양의 생산성을 향상시켜 주면서 작물의 생산량을 늘려 왔지만, 생명공학 작물들은 대부분의 농민들이 겪는 잡초와 병충해의 고질적인 문제를 해결해 주었다. 더군다나 세계의 인구가 폭발적으로 증가하고 있어, 생명공학 작물의 개발은 녹색 혁명 이래 또 하나의 농업 혁명으로 부상하고 있다(그림 1-5).

인구 증가와 함께 가속화된 산업화로 말미암아 경지 면적은 줄고 농업 환경은 더욱 피폐해지고 있다. 또한 화석 에너지원의 고갈로 대체 에너지 개발이 요구되고 있으며, 지구의 자연환경 보전 목소리도 그 어느 때보다 높다. 또, 날로 열악해지는 농업 환경에 대처하기 위해 환경 친화적이고 높은 생산성을 기대할 수 있는 대체 기술의 개발이 필연적으로 요구되고 있다. 때문에 선진국들은 식량 및 대체 에너지원의 공급을 증대시키고 환경을 보전할 수 있는 방법으로 생명공학 작물의 개발과 활용을 새로운 선택으로 인식하고 있으며 식물 연구에 대규모 투자를 아끼지 않고 있다. 특히 식물 생명공학 산업을 국가 전략 산업으로 집중 육성하고 있다. 이에 발맞추어 20세기 후반부터는 게놈 프로젝트를 통해 한 식물의 특성을 결정짓는 유전자의 전체 구조(게놈, genome)와 이에 포함된 개별 유전자들의 기능을 밝히려는 연구가 세계적으로 활발히 이루어지고 있다.

유전자 재조합은 오래전부터 생명 현상과 진화의 한 과정으로 자연계에서 일어나고 있는 현상이다. 그래서 생명공학 작물로 만들어진 식품이 기존의 식품과 화학적, 구조적, 생물학적으로 실질적인 차이가 없는 것으로 인식되고 있다. 특히 생명공학 작물을 가장 많이 개발하여 상용화시킨 미국, 캐나다 등의 수출국은 오랜 기간 동안 광범위한 과학적 평가를 실시한 결과 생명공학 식품이 재래적인 방법에 의해 생산된 식품과 비교하여 안전성 면에서 결코 다르지 않다는 실질적 동등성(substantial equivalence)[1] 입장을 밝히고 있다.

더욱이 개발 단계에서 도입된 유전자가 만드는 단백질에 대하여 가열, 위액, 장액에 의한 분해, 알레르기 유발성 등을 실험하고, 종래의 작물과 비교하여 구성 성분상의 변화가 있는지를 검정하여 안전성을 확인한 후에야 상용화 할 수 있다. 또, 생명공학 작물이 개발되어 시장에 유통되기까지는 정부 각 부처의 안전성 감독 기준에 충족하는 각종 요건을 구비하여야 한다. 이에 개발자는 수년 동안 철저한 안전성 평가 과정을 거쳐 인체 또는 환경에 위해하지 않다는 과학적 검증 결과를 관련 행정 부처에 제출하여 철저하고 투명한 안전성 확인을 거치게 된다. 현재 우리가 소비하고 있는 식품이나 건강 보조 식품이 아무런 안전성 검증 과정 없이 유통되고 있는

1) 지금까지 경험적으로 안전하다고 판단해온 식품들의 특성을 허용 가능한 안전한 수준 즉 평가 기준으로 하여 기존의 식품과 유전자 재조합 식품의 영양소, 영양 억제 인자, 독소 등의 구성 성분, 가공 조리 방법 등의 섭취 형태 및 예상 섭취량 등에 대해 비교 평가하여 차이점을 비교하여 차이점에 대한 위해성이 없으면 안전한 것으로 간주할 수 있다는 과학적 접근 방법

것에 비하면 오히려 생명공학 작물은 철저한 과학적 검증을 거친 후에 시장에 유통되고 소비되므로 다른 어느 식품보다 훨씬 안전하다고 할 수 있다.

오늘날 농업 생명공학 기술은 생산성의 향상, 환경 보전, 식품의 안전성 및 품질 향상에 기여함은 물론 농업의 경쟁력을 높일 수 있는 유력한 대안으로 인식되고 있다. 생명공학 농산물의 개발은 미국, 캐나다 등의 선진국이 주도하고 있지만 우리나라의 기술도 선진국과 기술 격차가 그다지 크지 않아 앞으로 유망 산업으로 각광받을 전망이다. 대부분의 농산물을 수입에 의존하고 식량 자급도도 낮은 우리나라의 사정으로 볼 때, 생명공학 농산물이 지니고 있는 여러 가지 장점을 결코 간과해서는 안 된다.

한편에서는 생명공학 농산물의 잠재적인 위해성을 우려하고 있지만 현재까지 생명공학 농산물의 위해성을 밝힌 연구 결과는 대부분 재현성이 입증되지 않았다. 과학적인 개연성으로 보아도 생명공학 농산물은 안전하다는 것이 과학자들의 일반적인 견해이다. 전기, 자동차, 비행기 같은 현대의 새로운 기술들이 인간의 생명을 위협할 위험성이 있음에도 불구하고, 이들 문명이 가져다주는 이득이 훨씬 크므로 인류가 이를 이용하고 적용하게 되는 것이다. 따라서 생명공학 작물의 안전성을 최우선으로 하되 이들 농산물의 득실에 대하여 정부나 국민 모두 균형적인 시각을 가지고 생명공학 작물의 연구 개발을 저해하지 않는 범위 내에서 생명공학 작물의 규제와 안전 관리가 이루어져야 한다.

2008년 현재까지 상품화가 이루어진 생명공학 작물은 콩, 옥수수, 호박, 유채, 목화 등 24종류의 작물에 대해 144품종에 이른다. 또, 최근에는 단순한 제초제 및 병해충 저항성을 넘어서서 특정 영양, 의약 성분 또는 건강 기능성을 향상시켜 부가 가치를 증가시킨 신품종 맞춤 작물이 지속적으로 개발되어 상업화 되고 있다. 대표적인 예로 2000년도에 개발된 비타민 A

전구체의 함량을 증가시킨 Golden Rice® 1과 2, 불포화 지방산 조성을 변화시켜 트랜스 지방을 없애고 ω–3 지방산을 강화한 식용유 Vistive®를 들 수 있으며, 앞으로도 간염 백신을 함유한 토마토 등 여러 가지 작물들이 식탁에 오를 예정이다. 이 과정에서 고유성을 가진 유용 유전자의 대량 확보 여부가 산업적 경쟁력을 결정하는 관건이 될 것이다. 그래서 선진 각국은 유용 유전자의 발굴을 국가적인 차원에서 진행시키고 있지만 우리나라는 정부와 민간의 소규모 지원으로 기술 습득의 차원에 머물러 왔다. 따라서 산업 경쟁력의 무기가 될 만한 유용 유전자와 형질 전환 기술이 거의 없는 어려운 상황에 있다. 그러나 최근 우리 정부가 시작한 생명공학 분야의 대규모 연구 지원 사업들이 이러한 문제를 어느 정도 극복할 수 있을 것으로 기대된다.

생명공학 작물의 유용성과 미래성 그리고 무한한 경제적 가치에도 불구하고, 일부 과학자들이 생명공학 작물의 인체 및 환경 위해성을 문제 삼은 이후 생명공학 작물 생산국을 비롯한 선진국들은 생명공학 작물의 인체 및 환경 안전성을 확보하기 위한 기초 자료의 수집과 위해성 평가 기술의 개발 및 국가 관리 체제 정비에 박차를 가하고 있다. 우리나라를 비롯한 유럽연합, 일본 등 많은 나라에서는 생명공학 작물의 비의도적 혼입치[2)]를 각각 3%, 0.9%, 5%로 설정하여 표시제를 실시하고 있다. 최근 우리나라의 경우에는 일부 품목에 한정하였던 생명공학 식품 표시를 모든 식품으로 확대하고, 또 생명공학 생물체 원료를 사용하더라도 완제품 상태에서 검사가 불가능하여 과거에는 대상에서 제외하였던 간장, 식용유 등도 앞으로는 모두 생명공학 생물체 표시를 하도록 하고 있다. 그러나 이는 식품의 제조 과정

2) 농산물의 유통 구조상 생산, 수확, 운반, 보관, 선적 등의 과정에서 비의도적으로 혼입될 수 있는 가능성을 고려한 것

에 대해 소비자의 알 권리를 충족시키기 위한 것이지 위해성을 표시하기 위한 조치가 아님을 이 책을 통해서 알 수 있을 것이다.

2

생명공학 작물의
역사와 현황

1. 생명공학 작물의 역사

과학자들은 식물의 병원성 세균인 아그로박테리아가 식물의 종양에 해당하는 혹을 유발한다는 결과를 얻은 이후, 세균 유전자의 일부가 식물 세포로 옮겨져 발현된다는 것을 알게 되었다. 칠튼(Chilton), 프랠리(Fraley), 쉘(Schell) 등은 이를 역으로 이용하여 옮겨 가는 세균 유전자의 일부를 유용 유전자로 대체하면 식물의 유전 정보를 변형시켜 유전적으로 변화시킬 수 있음을 실험을 통하여 증명하였다.

생명공학 작물의 개발 역사는 1983년 최초로 항생제 카나마이신 내성 담배와 피튜니아를 육성하면서부터 시작되었다. 1986년 벨기에에 이어서 미국과 프랑스에서 제초제 내성 담배의 포장 실험이 공식적으로 이루어졌고, 1987년에는 목화가 형질 전환 되었으며, 1988년에는 콩과 벼의 형질 전환이 이루어졌다. 1990년에는 옥수수의 형질 전환이 발표되었고, 1992년에는 밀이 형질 전환 되었다. 한편 1990년 병충해 저항성 목화가 포장 실험을 성공리에 마쳤다.

1994년에는 잘 물러지지 않는 연화 지연 토마토 Flavr Savr®가 처음으로 상품화되어 시장에 등장하였다. 이를 시작으로 1995년 미국 농약회사 몬산토에서 자사의 유명 제초제인 라운드업 Roundup®과 반응하지 않는 미생물 효소 유전자를 이식한 콩이 출시되었다. 더불어 해충 저항성 옥수수 YieldGard®와 해충 저항성 목화 Bollgard®가 본격적으로 상품화되면서 1996년부터 대규모 상업적 재배가 실시되었다(그림 2-1).

2000년에는 비타민 A가 강화된 황금쌀(Golden Rice)이 개발되어 저개발 국가를 대상으로 하여 개발 기술을 무상으로 공여하기에 이르렀으며, 벼의 유전체 분석 결과를 전 세계의 과학자들이 자유로이 공유할 수 있게 되는 이정표적인 사건이 일어나기도 하였다. 2008년까지 세계적으로 상품화가 허가된 생명공학 작물은 22작물 132품종에 이른다.

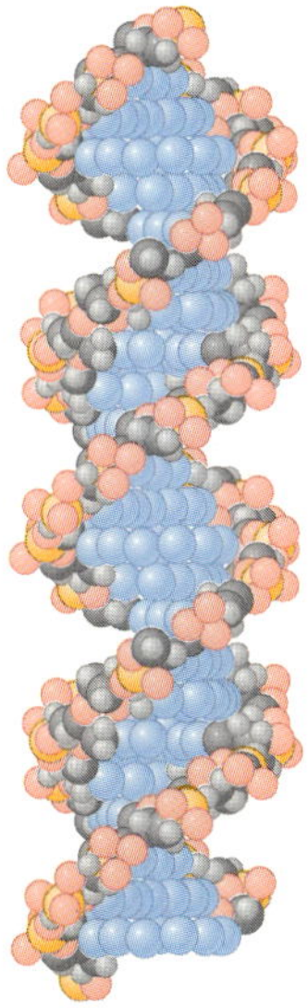

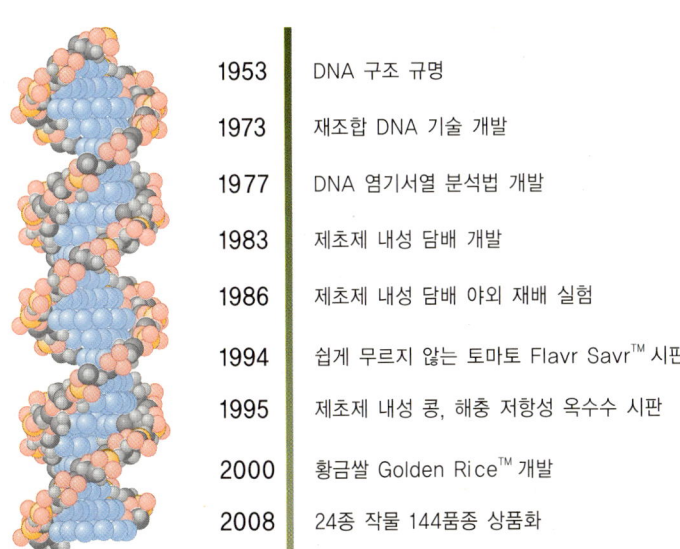

1953	DNA 구조 규명
1973	재조합 DNA 기술 개발
1977	DNA 염기서열 분석법 개발
1983	제초제 내성 담배 개발
1986	제초제 내성 담배 야외 재배 실험
1994	쉽게 무르지 않는 토마토 Flavr Savr™ 시판
1995	제초제 내성 콩, 해충 저항성 옥수수 시판
2000	황금쌀 Golden Rice™ 개발
2008	24종 작물 144품종 상품화

그림 2-1. 생명공학 작물의 개발 역사

표 2-1. 생명공학 작물 상품화 승인 현황 (AgBios 2008년)

작물명	유전자 변형 특성 (승인 품목 수)
감자	해충 저항성(2), 해충/바이러스 저항성(2)
담배	제초제 내성(1), 니코틴 감소(1)
렌틸	제초제 내성(1)
멜론	숙기 조절(1)
목화	해충 저항성(6), 제초제 내성(5), 해충/제초제 내성(7)
밀	제초제 내성(7)
벼	제초제 내성(5)
사탕무	제초제 내성(3)
스쿼시(호박)	바이러스 저항성(2)
아르헨티나 카놀라	제초제 저항성(7), 웅성불임/제초제 내성(5), 지방산 개선(3)
아마(flax)	제초제 내성(1)
알팔파	제초제 내성(1)
옥수수	해충 저항성(7), 제초제 내성(9), 해충/제초제 내성(23), 웅성불임/제초제 내성(3), 라이신 강화(1), 라이신 강화/해충 저항성(1), 아밀라아제 강화(1)
치커리	웅성불임/제초제 내성(1)
카네이션	수명 연장/제초제 내성(1), 화색 변경/제초제 내성(2)
콩	제초제 내성(7), 올레인산 강화(2)
크리핑 벤트그라스	제초제 내성(1)
토마토	숙기 조절(5), 해충 저항성(1)
파파야	바이러스 저항성(1)
폴란드	카놀라 제초제 내성(2)
자두(플럼)	바이러스 저항성(1)
해바라기	제초제 내성(1)
총계 22개 작물	132품목

아직 이들은 제초제 내성 및 해충 저항성 작물이 주류를 이루고 있다. 그러나 다음에서 보듯이 작물의 품질을 향상 시키는 등 다양한 생명공학 작물이 개발 중에 있다.

2. 생명공학 작물의 재배 현황

생명공학 작물은 1996년 미국을 중심으로 재배를 시작하여 지금은 세계적으로 미국, 아르헨티나, 캐나다, 중국 등 25개 나라에 걸쳐서 재배되고

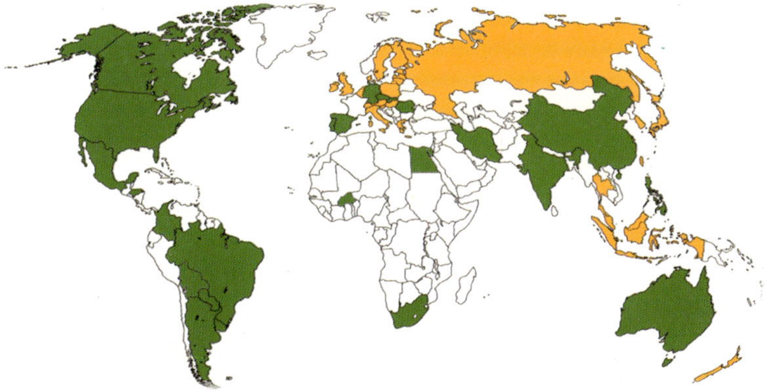

그림 2-2. 생명공학 작물의 재배 국가 현황
녹색으로 표시한 나라는 생명공학 작물을 재배하는 25개국, 황색으로 표시한 나라는 생명공학 작물을 수입하는 30개국 (ISAAA, 2008)

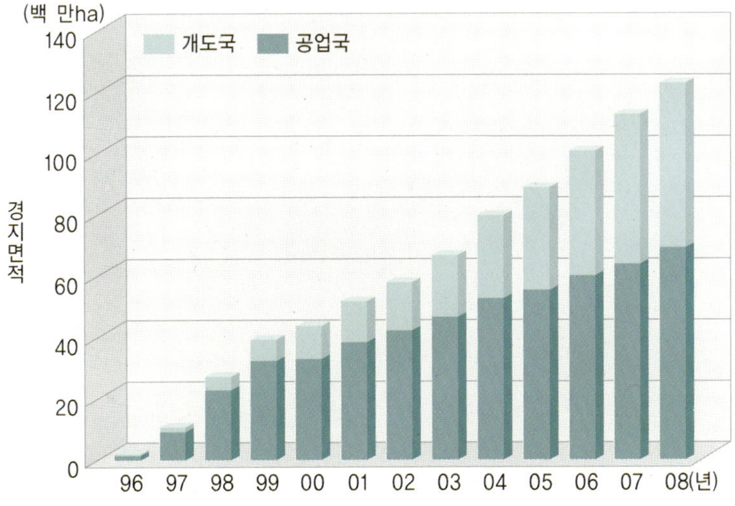

그림 2-3. 생명공학 작물의 재배 면적 변화 (ISAAA, 2008)

55개 나라에서 소비되고 있다.

재배 면적은 2000년 이후에도 연평균 14%씩 증가하여 2007년도의 경우 전년도에 비해 9%가 증가한 125백만 ha에 이르는 면적에서 생명공학 작물이 재배되었는데 이는 세계 경지 면적의 약 8%, 남한 총 경지 면적의 약 60배에 이르는 넓이이다(그림 2-3).

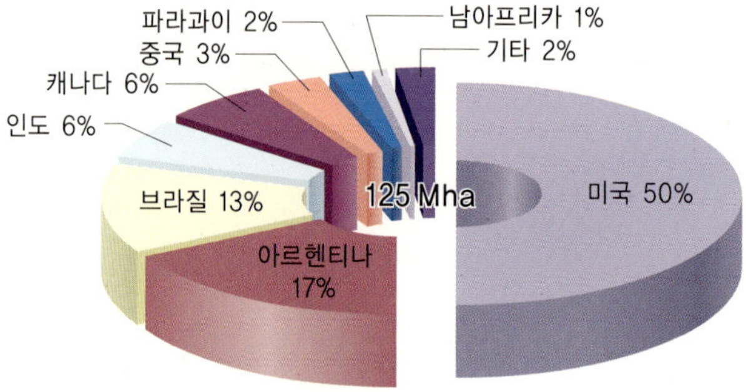

그림 2-4. 주요 생산국의 상대적 면적 (ISAAA, 2008)

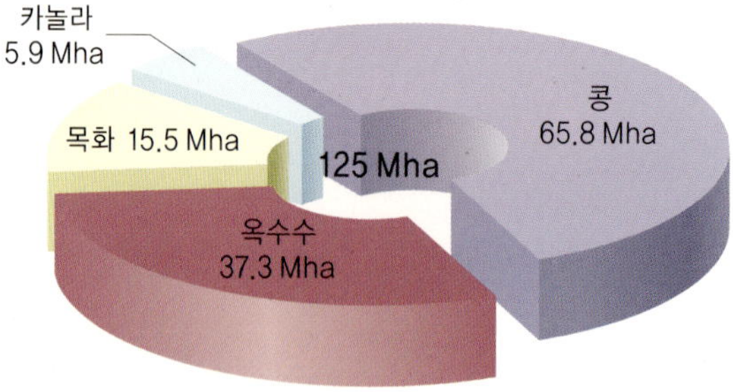

그림 2-5. GM 작물별 재배 면적 (ISAAA, 2008)

2008년도에는 모두 25개국 1,330만 명의 농부들에 의하여 GM 작물이 재배되었다. 나라별로 재배 면적을 살펴보면 특히 미국은 6,250만 ha에서 GM 작물을 재배하였는데, 이는 세계 전체의 50%에 해당한다(그림 2-4).

아르헨티나가 2,100만 ha(17%), 브라질이 1,500만 ha(13%), 캐나다가 760만 ha(6%), 중국이 380만 ha(3%)에서 GM 작물을 재배하였다. GM 작물 재배면적의 43%에 이르는 5,470만 ha를 개발도상국에서 점유함으로써 꾸준한 상승세를 보이고 있다.

작물별로 보면, 콩의 경우 세계적으로 6,580만 ha에서 재배되어 총 GM 작물 재배 면적의 53%를 차지하고 있다(그림 2-5). GM 옥수수는 3,730만 ha(30%)에서 재배되어 2007년의 3,520만 ha를 상회하였다. 목화가 1,550만 ha(12%)를 차지하여 전년도의 1,500만 ha에 비하여 증가하였으며, 유채가 590만 ha(5%)에서 각각 재배되었다.

생명공학 콩의 경우 세계적으로 65.8백만 ha에서 재배되어 전체 콩 재배 면적의 70%를 차지하고 있다(그림 2-6). 생명공학 옥수수는 37.3백만 ha에서 재배되어 전체 옥수수 재배 면적의 24%, 생명공학 목화가 15.5백만 ha에 재배되어 전체 목화 재배 면적의 46%, 생명공학 카놀라가 5.9백만 ha에 재배되어 전체 카놀라 재배 면적의 20%를 차지하여 이들 4작물의 경

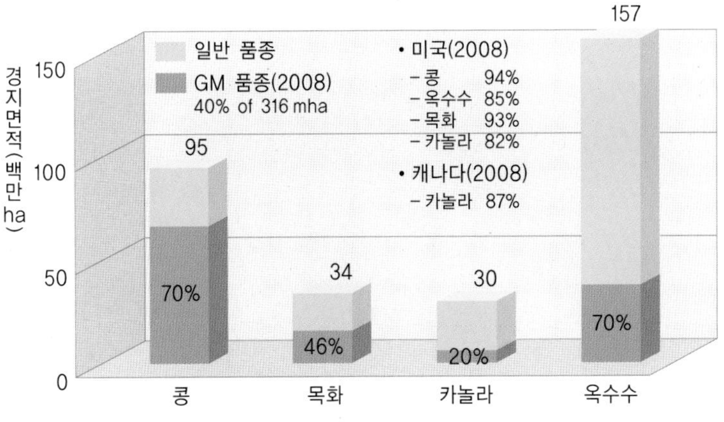

그림 2-6. 주요 생명공학 작물의 재배 면적과 비중

우 평균 40%가 생명공학 작물로 재배되었다.

미국의 경우 2008년에 재배된 콩은 94%가 생명공학 품종으로 재배되었으며 옥수수는 85%, 목화는 93%, 유채는 82%가 생명공학 품종으로 재배되었다(그림 2-6). 특히 미국, 아르헨티나, 브라질 등 거대 농업국의 경우 급격히 빠른 속도로 세계 평균을 넘어서서 GM 품종으로 전환하고 있는 추세여서 우리나라가 이들 국가에서 콩과 옥수수를 수입할 때 비생명공학 작물을 구하기가 얼마나 어려워지며 또한 추가 비용을 얼마나 지불해야 하는지 짐작할 수 있다. 미국 식품점에서 판매되는 식품의 경우 80% 이상이 생명공학 농산물이거나 그를 원료로 사용한 식품으로 조사되고 있는 것만 보아도 그 보편성을 짐작할 수 있다. 그럼에도 불구하고 생명공학 식품에 대해 표시를 한다거나 구분 유통을 하지도 않고 일반 농산물 혹은 식품과 똑같이 유통시키고 있다. 캐나다는 세계 1위의 유채 수출국으로서 2006~2007년에도 생명공학 유채 면적이 15%까지 증가하였다. 현재 생명공학 유채는 캐나다 유채 생산의 90%에 달하고 있으며 유채유의 62% 정도가 생명공학 품종으로 생산되고 있다.

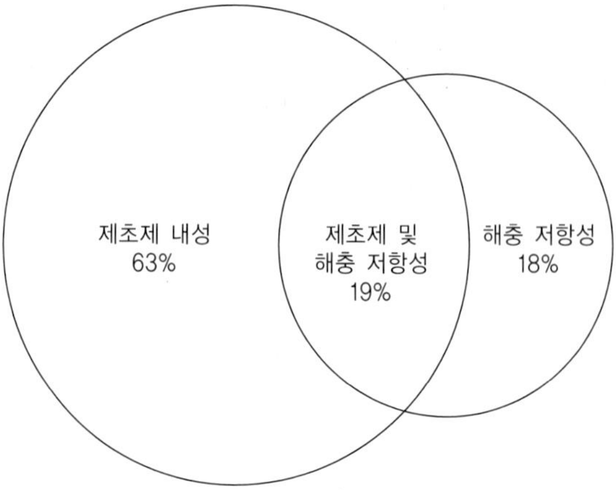

그림 2-7. 이식 형질별 분포

콩, 옥수수, 유채 그리고 목화 등에 이식시킨 형질을 보면, 제초제 내성 생명공학 작물이 63%를 차지하였고, 해충 저항성 Bt[3] 작물이 18%였으며, 이 두 형질을 모두 이식한 생명공학 작물이 19%를 차지하였다(그림 2-7).

식물의 형질 전환 기술은 학술적인 측면에서 유전자의 기능 연구에 크게 공헌했을 뿐만 아니라, 유용한 생명공학 작물의 개발이라는 새로운 산업의 장을 열게 하였다. 1983년 최초로 생명공학 담배가 개발된 이래 1994년 미국에서는 연화 지연 토마토 Flavr Savr®를 처음으로 시판하였으며 1996년에는 생명공학 작물의 상업적 대단위 경작이 본격화되었다. 현재는 제초제 혹은 해충 저항성이 부여된 콩, 옥수수, 목화, 유채 등의 4작물을 포함하여 모두 24작물 144품목의 생명공학 작물이 개발되어 상업화되었거나 그 과정에 있다. 그러나 대부분 콩, 유채, 토마토, 감자 등의 쌍떡잎식물에 국한되어 있으며, 주요 곡물인 벼, 밀, 옥수수 등 외떡잎식물은 매우 제한적으로 개발되고 있다.

---

3) 곤충 병원균의 일종인 Bacillus thuringiensis로 인체에는 무해하나 특정 곤충에는 독성을 보이는 단백질 결정을 생산하며 공업적인 방법으로 배양이 용이하여 미생물 농약제로서 이용되기도 하고 작물에 본 유전자를 유전공학적으로 도입하여 해충에 대한 내성을 가지는 형질 전환체를 만들기도 함

3

생명공학 작물의
개발 과정

생명공학 작물은 식물뿐 아니라 동물이나 미생물에서도 식물체에 유용한 유전자를 발굴해서 원하는 작물에 이식하는 방법으로 종(種)의 한계를 뛰어넘어서 탄생한다. 이와 같은 생명공학 작물이 어떠한 과정을 거쳐 태어나게 되는지 자세하게 알아보자.

1. 유용 유전자 발굴

생물의 특성은 유전자에 의해 결정된다. 농업적으로 유용한 유전자를 이 책에서는 유용 유전자라 정의한다. 밤하늘에 수많은 별이 있지만 이름 없는 별은 없다. 그러나 자연계에 존재하는 수많은 유전자 중에서 실험적으로 기능이 증명된 유전자는 아직 5%에도 미치지 못한다. 많은 생명과학자들이 특정 기능을 가진 새로운 유전자를 발굴하기 위해서 노력하고 있다. 유전자의 기능을 알기만 하면 그를 이용하여 생물의 특성을 변화시키는 일은 더 이상 새로운 기술이 아니며, 이 책을 통해서 그 실례를 보게 될 것이다. 문제는 원하는 특성을 결정짓는 유전자의 실체를 모르는 데 있다. 최근 발달한 생명과학 및 관련 분야 학문 발전에 힘입어 새로운 유전자 발굴은 가속화될 것이다. 그러나 여전히 상당수 유전자의 발견과 기능 규명은 결국 다음 세대의 생명과학자들의 몫이 될 수밖에 없다.

2. 유전자 재조합

이식을 목표로 하는 유용 유전자는 식물 세포 내에서 효과적으로 작용할 수 있도록 먼저 시험관 내에서 재조합된다. 유용 유전자가 식물 세포 내에서 효과적으로 발현되기 위해서는 발현 조절 기능을 가진 프로모터(promoter)와 터미네이터(terminator) 부위를 유용 유전자의 단백질 암호화 부위(coding sequence)와 재조합시킨다(그림 3-1).

적절한 프로모터를 활용하면 재조합 유전자의 발현 수준, 발현 시기 및 발현 부위를 조절할 수 있다. 생명공학 작물에서 가장 보편적으로 이용되는 프로모터는 CaMV 35S 프로모터 즉 Cauliflower Mosaic Virus에서 유래한 강력한 프로모터이다. 이 프로모터와 유용 유전자를 재조합하면 왕성한 생육 시기에 전체 부위에서 광범위한 발현이 가능하지만 경우에 따라서는 일부 발현 시키기도 한다. 뿌리에서만 발현을 시키는 프로모터나 잎에서만 발현을 시키는 프로모터를 사용하여 피해 부분이 이들 부위인 경우 효과적으로 대응할 수 있다. 반대로 작물에서 섭취하는 부위가 열매 혹은 종자인 경우 이들 부위에서 외래 유전자의 발현을 최소화함으로써 이식한 유전자에서 발현된 단백질의 섭취량을 줄일 수도 있다. 그러나 대부분의 유전자들은 발달 및 분화 시기에 따라 다르게 발현되거나 조직 특이적 발현을 요구하므로 효과적인 유도성 프로모터(inducible promoter)의 활용이 요구된다.

한편으로 같은 유전자이지만 재조합 방향을 반대로 하면 RNA 침묵 현상(RNA inhibition)[4]에 의해 유전자의 발현을 억제할 수도 있다. 즉 목표 유전자의 역방향 anti-sense mRNA를 발현시키면 정방향 sense mRNA를 분해하거나 단백질 번역 활성 등을 억제하여 유전자 발현을 억제하게 된다. 생물에게 원래 있던 유전자의 발현을 효과적으로 억제하는 이 기술을 사용하여 알레르기를 유발하지 않는 쌀, 쉽게 무르지 않는 토마토, 카페인이 없는 커피, 니코틴이 없는 담배 등이 만들어졌다.

유전자 재조합 과정에서 유용 유전자와 함께 형질 전환된 세포를 선택적으로 선발할 수 있는 선발 마커 유전자(selection marker gene)를 넣는다. 선발 마커 유전자로는 주로 항생제나 제초제를 분해하여 저항성이 생기게 하는 유전자를 쓰고 있다. 선발 마커 유전자를 유용 유전자와 함께 이식하면, 형질 전환된 세포를 해당 항생제나 제초제가 함유된 배지에서 배양할 경우, 유용 유전자가 이식된 형질 전환 세포만이 살아남게 되므로 손쉽게 선발하여 증식시킬 수 있다.

일반적으로 쌍떡잎식물에서 사용되는 선발 마커 유전자는 카나마이신 저항성을 부여하는 neomycin phosphotransferase, *nptII* 유전자이고, 외떡잎식물에서는 하이그로마이신 저항성을 부여하는 hygromycin phosphotransferase, *hyg* 유전자 혹은 제초제 저항성 유전자 phosphinothricin acetyltransferase(*pat* 혹은 *bar*)가 주로 사용된다. 특히 제초제 저항성 유전자를 이용하게 되면 선발 효율이 높고, 포장 실험 등에

---

4) RNA의 침묵 현상은 전사를 억제하거나 염기 특이성 RNA 분해 과정을 활성화하는 방식으로 전사의 수준을 제한하는 새로운 유전자 조절 기작

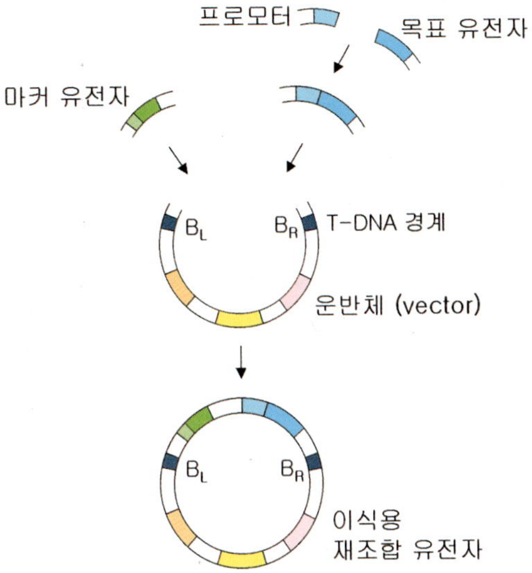

그림 3-1. 아그로박테리아를 이용하여 목표 유전자를 이식하기 위한 유전자 재조합 과정

서 식물 개체수가 많아졌을 때 제초제 살포로 형질 전환체만 쉽게 골라낼 수 있어서 매우 편리하다. 또한 제초제 저항성 그 자체로서 농업적으로 유용한 형질을 제공하기도 한다. 이외에도 bromoxynil nitrilase 유전자, acetolactate synthase 유전자와 같은 제초제 내성 유전자가 활용되기도 한다.

때로는 형질 전환체에 이식한 외래 유전자의 발현 여부를 용이하게 식별할 수 있도록 해 주는 보고 유전자(reporter gene)를 사용하기도 한다. 보고 유전자로는 효소 유전자 β-glucuronidase, 녹색 형광 단백질 유전자, 반딧불이 발광 효소 유전자 등이 있다(그림 3-2).

식물 형질 전환 방법 중 가장 보편적으로 사용되는 아그로박테리아 이용법에서는 그림 3-1과 같이 유용 유전자와 선발 마커 유전자의 양쪽 끝에 25bp 길이의 T-DNA의 양쪽 경계(boarder) 부위 BR과 BL을 각각 재조합

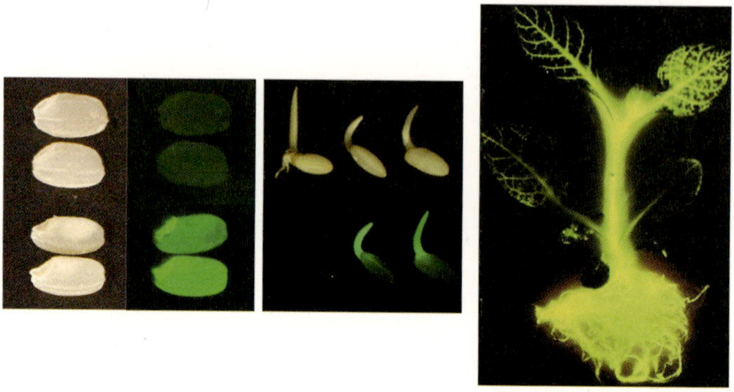

그림 3-2. 녹색 형광 단백질(GFP) 유전자를 이식한 쌀과 반딧불이 형광 효소 유전자를 이식하여 형광을 발하는 식물

한다. 아그로박테리아의 식물 세포 감염 원리에 따라 이 양쪽 경계로 둘러 싸인 유전자 조각이 식물의 유전체에 삽입된다.

유용 유전자는 목적에 따라 매우 다양할 수 있으며, 일반적으로 동물, 식물 및 미생물 종류를 가리지 않고 어떤 생물체에서든지 분리하여 사용할 수 있다. 그러나 식물 세포 내에서 효과적으로 발현되기 위해서는 암호화 부위를 코돈 선호도(codon usage)에 맞게 개조하여 사용하기도 한다. 이렇게 재조합한 유용 유전자를 식물 세포에 이식하여 배양하면 새로운 형질 변환체가 만들어지는 것이다.

3. 재조합 유전자의 이식 방법

재조합 유전자를 작물 내로 이식시키는 방법으로는 자연에 존재하는 유전자 이식 세균인 아그로박테리아(*Agrobacterium tumefaciens*)를 이용하는 방법과 재조합 DNA를 미세한 금속에 코팅한 후 식물 세포를 향해 쏘는

그림 3-3. Crown gall
아그로박테리아 감염에 의해 식물의 줄기에 생긴 혹

입자 총 방법이 주로 이용되고 있다.

자연계에서 외래 유전자를 식물 핵 내로 이식시키는 경우는 토양 속에 존재하는 세균 아그로박테리아에서 볼 수 있다. 이 세균은 토양 속의 양분이 부족해지면 식물에 침투하여 기생하는 특성을 가지고 있는데, 이때 자신의 유전자를 식물체에 이식하여 필요한 양분을 만들도록 한다. 식물체의 줄기 혹은 뿌리에 크라운골(crown gall)[5]이라는 비정상적인 혹이 생기는 이유는 아그로박테리아의 유전자가 식물체로 옮겨가 아그로박테리아가 필요로 하는 양분 즉 아미노산 유도체 오파인(opine)을 생산하기 때문이다(그림 3-3).

이처럼 아그로박테리아는 자신의 유전자를 식물체의 유전자에 이식 삽입하는 능력이 뛰어나다. 아그로박테리아의 Ti 플라스미드[6]에 있는 약 25bp 길이의 이식이 시작되는 부위 BR과 이식이 끝나는 부위 BL로 정의되는 양쪽 경계로 둘러싸인 유전자 조각 T-DNA가 식물의 유전체에 삽입되는데 오파인 유전자도 이 사이에 존재한다. 이러한 현상들을 이해한 생명공학자들은 아그로박테리아에서 식물 세포로 이식되는 BR과 BL 사이에 오파인 등의 유전자를 들어내고 유용 유전자를 대신 삽입시킨 아그로박테

5) 병든 부위는 암종이 생겨 비대생장하는데 처음에는 회백색 또는 담황색의 둥근 혹 모양으로 나타나나 조직은 연하다. 생육기간 중 언제나 발병하며 기온이 높고 습할 때 발병이 많고, 주로 뿌리와 나무줄기에 발병함

6) 감염된 식물체에서 종양(tumor)을 생성하는데 필요한 *Agrobacterium tumefaciens*의 거대 플라스미드. Ti플라스미드는 외래 DNA를 식물 세포로 도입하기 위한 운반체로 사용됨

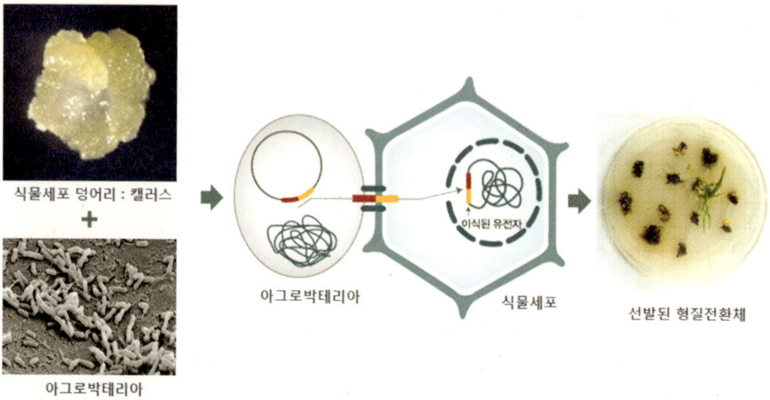

그림 3-4. 자연의 유전공학자 아그로박테리아 이용 방법, 아그로박테리아에 의해 유전자가 이식되는 원리

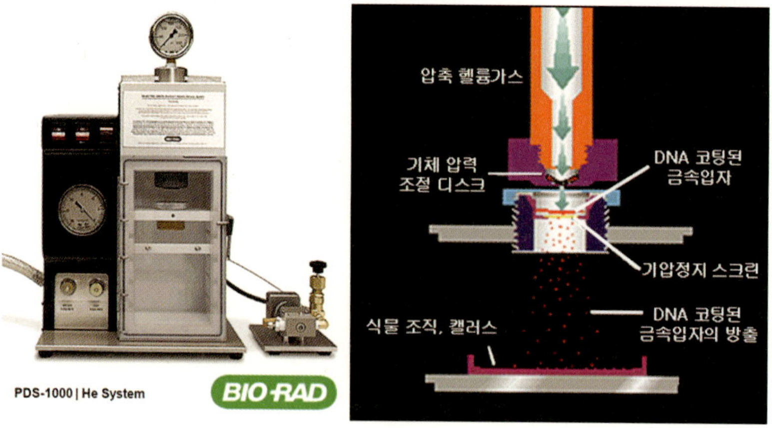

그림 3-5. 입자 총과 내부 구조

리아를 식물 세포와 만나도록 하여 우리가 원하는 유전자를 식물체 내로 전달하는 방법을 개발하였다(그림 3-4).

입자 총 방법에서는 재조합 DNA를 1~2㎛의 미세한 금속에 코팅한 후 식물 세포를 향해 쏜다(그림 3-5). 이때 주로 쓰는 금속으로는 텅스텐과 금

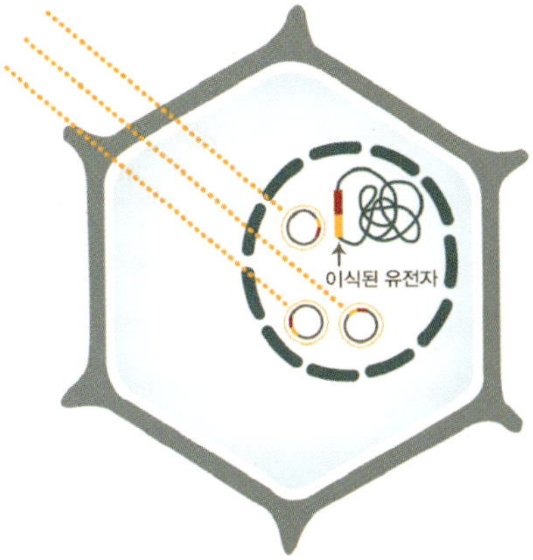

그림 3-6. 입자 총을 이용하여 식물체 내로 외래 유전자를 이식시키는 방법

입자가 있다.

금속 입자와 함께 식물체 핵 내로 이동된 외래 유전자는 핵 속의 효소들에 의해 식물 염색체에 삽입되어 안정적으로 발현되고 멘델의 법칙에 따라 다음 세대에 유전된다(그림 3-6). 입자 총 방법은 따로 재조합한 여러 종류의 플라스미드를 섞어서 발사하여 여러 유전자를 한번에 이식할 수 있는 장점이 있다. 혹은 유용 유전자와 선발 마커 유전자를 각각 따로 재조합한 후에 입자 총으로 쏘면 각각 다른 염색체에 삽입시킬 수 있다. 이렇게 되면 계대배양 과정에서 선발 마커 유전자를 분리 제거할 수 있는 장점이 생긴다.

이 밖에 외래 유전자를 식물체 내로 이식 시키는 방법은 대상 식물의 특성에 따라 매우 다양하게 개발 · 활용되고 있다.

4. 재분화와 생명공학 작물의 품종화

재조합한 유전자를 식물세포 내로 이식 시킨 후 함께 이식한 항생제 저

표 3-1. 식물체 내로 외래 유전자를 이식시키는 방법

방 법	설 명
Ti-플라스미드 이용법 Agrobacterium mediated transformation	재조합 유전자를 이식한 *Agrobacterium tumefaciens*를 매개체로 식물 세포와 공동 배양 후 재분화 시키는 가장 보편적이며 효과적인 방법
입자 총 방법 microprojectile bombardment	재조합 유전자 DNA를 미세한 금속 입자에 코팅 후 식물 세포에 쏘는 방법으로 가장 광범위한 식물에 적용할 수 있는 간편한 방법
미세 주사법 microinjection	미세 조작기와 미세 피펫을 이용해서 재조합 DNA를 직접 세포에 주사하는 방법으로 높은 숙련도를 요구하므로 매우 제한적임
바이러스 이용법 viral vector transformation	바이러스 게놈을 운반체로 목표 유전자와 재조합 후 활용하는 방법으로 식물의 경우 매우 제한적임
원형질체 이식법 portoplast transformation	재분화가 가능한 원형질체를 대상으로 PEG 등의 화합물을 재조합 DNA와 같이 사용하므로 매우 제한적임
전기 충격법 electroporation	재분화가 가능한 원형질체를 대상으로 재조합 DNA를 이식하기 위해 고압 전기 충격을 사용함으로 매우 제한적임
리포솜 융합 liposome fusion	재분화가 가능한 원형질체를 대상으로 재조합 DNA를 리포솜으로 싸서 융합시키는 방법으로 매우 제한적임
화분관법 pollen tube method	수정 후 생기는 화분관을 통해 재조합 DNA를 주입하여 수정시키는 방법으로 매우 제한적임
침지법 dipping or imbibition	애기장대를 포함한 일부 모델 식물에 대해 사용되는 방법으로 Silwet L-77® 등의 세제를 함유한 재조합 Agrobacterium 용액에 식물 혹은 종자를 담근 후 배양하면 조직 배양 없이 형질 전환된 종자를 얻을 수 있다.
미세 레이저법 microlaser method	미세한 레이저를 써서 세포에 구멍을 내고 재조합 DNA를 이식 시키는 방법으로 개발 단계이다.

항성 유전자와 같은 선발 마커를 이용해 카나마이신 등 선발제가 함유된 선발 배지에서 배양하면 재조합 유전자가 이식된 세포만 선택적으로 선발할 수 있다. 필요한 영양분을 함유한 재분화 배지에서 선발된 세포의 재분화를 유도하면 완전한 식물체를 얻을 수 있다.

식물의 재분화는 한 개의 세포를 증식시켜 완전한 식물체를 얻는 과정을 말한다. 식물의 재분화 능력은 식물마다 다소 다르지만 현대의 식물 조직

배양 기술을 이용하면 대부분의 경우 배양기 내에서 식물체를 얻을 수 있다. 그러나 아직도 재분화 기술은 많은 발전의 여지를 남기고 있는데 이 부분이 형질 전환 기술의 핵심이 된다.

재분화된 식물체는 적응 단계인 순화 과정을 거쳐 토양에 이식하여 재배하고 종자를 받게 된다. 이러한 일련의 과정을 그림 3-7에 표시하였다.

이렇게 얻은 식물체는 농업적인 성능 및 효용성 검정과 안전성 검정을 거치면서 상품화를 위한 개체를 선발하게 되는데 거의 대부분의 형질 전환체는 이 과정에서 정리 된다. 선발된 개체는 더욱 정밀한 안전성 검사와 더불어 품종화가 이루어지고 종자 증식에 들어간다. 최종적으로 이들 자료를 해당 관리기관에 제출하여 품종 등록 및 허가를 받으면 비로소 시장에 출하할 수 있다.

5. 마커 프리 기술

최근 생명공학 작물이 대량으로 상업화되면서 유전자 재조합에 사용된 선발 마커 유전자가 다른 식물이나 미생물로 전이될지도 모른다는 우려가 제기되기 시작하였다. 가능성은 매우 희박하지만 제초제 저항성을 주는 선발 마커 유전자가 다른 잡초 식물로 전이될 수 있고, 항생제 저항성 유전자는 사람이나 동물이 섭취했을 경우에 장내 미생물로 전이될 수도 있지 않을까 하는 의구심이 생겨난 것이다. 따라서 선발 마커를 사용하지 않는 형질 전환 기술이 요구되기 시작하였고, 현재까지 선발 마커를 쓰지 않는 방법, 마커를 쓰더라도 나중에 형질 전환체에서 제거하는 방법, 보다 안전한 마커를 사용하는 방법 등이 고안되었다.

먼저 마커를 유용 유전자와 섞어서 식물체에 이식한 후 선별을 확인하

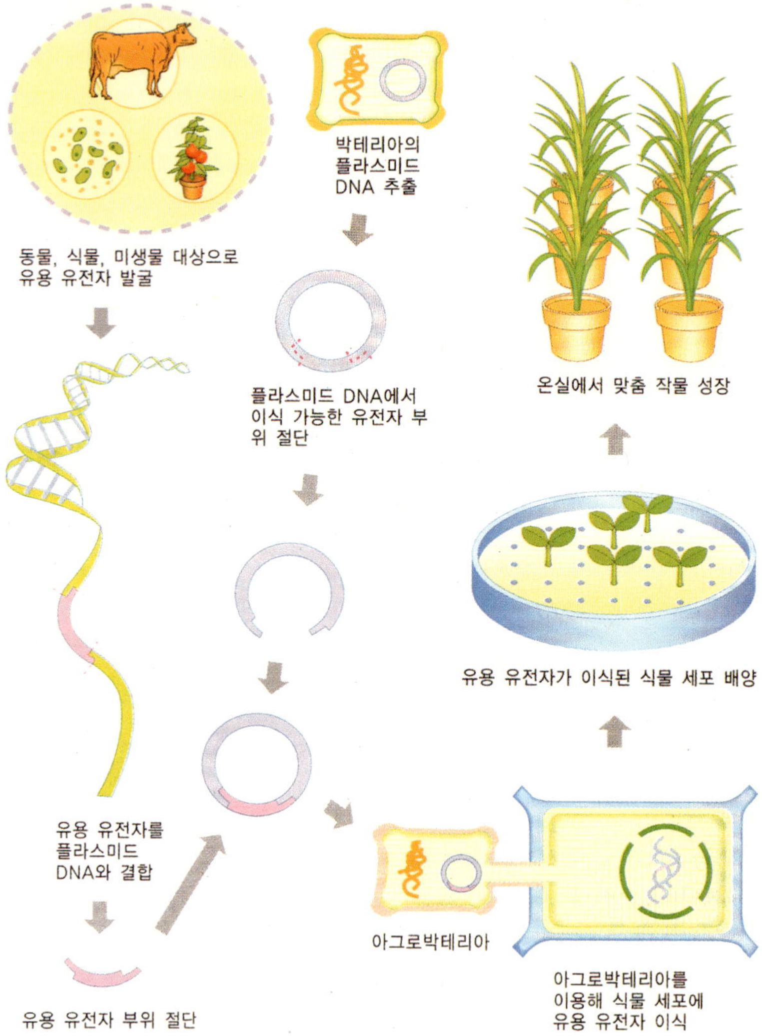

그림 3-7. 식물체로 외래 유전자를 이식하여 형질 전환 작물을 얻는 과정

고, 다음 세대의 교배에 의해 선발 마커를 제거시키는 방법이 시도되었다. 그러나 이 경우에 형질 전환이 독립적으로 정확히 이루어져야 하고 교배를

통한 선발이 단순 반복적으로 진행되어야 하며 효율이 매우 낮다는 단점이 있다.

그래서 최근에는 *Cre* 유전자의 재조합 신호로 인식되는 *loxP* 부위 사이에 선발 마커 유전자를 재조합하여 이식하고, 이후 교배에 의해 *Cre* 유전자를 다시 도입함으로써 *loxP* 부위에서 재조합을 일으키는 방법을 쓴다. 이 과정에서 그 사이에 있던 항생제 저항성 선발 마커 유전자가 제거된다.

또 다른 방법은 항생제 저항성 유전자보다 안전한 마커 유전자를 사용하는 것이다. 이 방법은 최근에 시도되고 있는 방법으로, 식물체에 흔히 존재하는 *phosphomanno isomerase, PMI* 유전자나 해파리에서 분리한 형광단백질 생성 유전자를 항생제 저항성 유전자의 대용으로 쓰는 것이다.

국내에서는 서울대학교 황인규 교수 팀이 toxoflavin을 분해하는 toxoflavin lyase 유전자를 선발 마커로 활용하는 기술을 개발하여 미생물을 포함하여 매우 다양한 식물체의 형질 전환에 활용하고 있다.

6. 색소체 형질 전환

생명공학 작물의 제조는 대부분 아그로박테리아 혹은 유전자 총을 이용한 핵 염색체 이식을 통한 형질 전환 방법에 의하여 이루어진다. 그러나 이러한 방법들은 몇 가지 문제점이 지적되고 있다. 유용 유전자가 원하는 위치에 들어가 기능을 발휘할 확률이 낮고 그 기능도 불안정하게 나타나며, 이식 유전자가 생태계에 유입될 가능성이 있다는 것이다. 예를 들어 이식된 제초제 저항성 유전자가 생명공학 작물체로부터 주변에 있는 잡초로 옮겨 가 제초제에도 죽지 않는 슈퍼 잡초가 출현할 수도 있고, 식물 간에 유전자 교환이 일어나 원래 유전자가 변형되는 경우도 있을 수 있으며, 종 다양성 파괴와 같은 생태계 문제들을 야기할 수 있다는 주장이다.

그러나 이런 경우는 매우 희귀할 것으로 예측된다. 왜냐하면 인공 교배 기술이 동원되는 전통 교배 육종에서도 종이 다르거나 종이 같더라도 유전적으로 친분이 약하면 유전자가 이동할 가능성이 무척 낮기 때문이다. 같은 종이지만 유전적으로 친분이 약한 식물의 꽃가루가 어떤 식물의 암술머리에 날아온다고 하자. 이때 날아온 꽃가루의 정핵이 배낭 안의 난세포까지 무사히 도착할 수 있어야 하고, 난세포와 정핵의 융합이 이루어져야 하며, 배 발달 과정 중간에 퇴화하지 않아야 한다. 이런 장벽들을 통과하여 종자로 맺힐 확률은 매우 낮다. 만약 종자가 무사히 맺혀 성숙한다고 해도 다음 세대에서 생식 능력이 있는 종자로 이어질 가능성은 더욱 희박해진다.

표 3-2. 핵 형질 전환(Nuclear transformation)과 색소체 형질 전환(Plastid transformation) 비교

구 분	핵 형질 전환 (Nuclear transformation)	색소체 형질 전환 (Plastid transformation)
장 점	• 비용과 노력의 절감	• 환경친화적 : 모계 유전으로 유전자 오염 문제 극복 • 높은 발현 수준 : 핵 이식 보다 100~300배 • 발현 정지(transgene silencing) 없음 • 삽입 위치 조준이 가능하며 위치 의존성 없음 • 원핵세포 오페론 이식 가능(polycistronic) • 외부 단백질의 차단 : 세포질에서 다른 분자들과의 불필요한 상호작용 배제
단 점	• 유전자 오염 우려 • 상대적으로 낮은 발현 수준 • 발현 정지 발생 빈도 높음 • 삽입 위치 효과로 발현 수준 예측 불가	• 고비용, 저효율
유전자 이식 방법	• *Agrobacterium* 이용 • 입자 총 사용	• 입자 총 사용
기술 개발 상태	• 보편화	• 연구 개발 진행 중

그러나 만약의 가능성을 제거하기 위해 과학자들은 유전자를 부계 유전이 불가능한 세포질에 이식시키는 새로운 형질 전환 방법을 연구하고 있다. 세포는 핵과 세포질로 구성되어 있다. 그리고 핵에는 생물마다 수가 다른 염색체가 있는데, 바로 여기에 생명의 암호문인 DNA가 꼬여 있다. 세포질에도 DNA를 포함하고 있는 소기관이 있는데, 식물의 초록색을 갖게 하는 색소체인 엽록체와 에너지를 생산하는 미토콘드리아가 그것이다.

세포질의 유전 정보는 모계 유전에 의하여 암컷에서 자손으로 전달된다. 이러한 특성을 이용하여 새로운 형질 전환 방법이 개발되었다. 엽록체의 DNA에 유용 유전자를 이식시켜 이식된 외래 유전자가 꽃가루를 통하여 다른 식물 종으로 이동하는 가능성을 차단한 것이다. 이를 '색소체 형질 전환' 이라 한다.

색소체의 유전자 체계는 원핵세포 체계로 되어 있어 유전체 중 특정 위치 삽입이 가능하고 세균과 같이 매우 높은 수준의 이식 유전자 발현이 가능하다(표 3-2).

식물의 색소체는 광합성 작용과 탄수화물을 포함한 여러 가지 대사 과정에 관여하고 있으므로 색소체의 형질 전환을 통하여 관련 대사 과정을 변화시키면 작물의 생산성을 증가시킬 수 있고, 고부가 가치를 가지는 식량작물의 생산이 가능하게 될 것이다. 색소체 형질 전환 방법은 멘델의 유전 법칙에 따르는 형질의 계통 선발을 우회하여 양질의 종자를 대량 생산하는 경제적인 채종 체계를 가능하게 한 것이다.

4

생명공학 작물의 실제

지금까지 상품화되었거나 상품화가 승인된 생명공학 작물들을 대상으로 그 특성과 육성 원리를 살펴보고, 현재 개발 중인 생명공학 작물에 대해서도 살펴보기로 하자.

1. 생명공학 작물 개발의 실례와 육성 원리

가. 제초제 내성 작물

농업은 잡초와의 전쟁으로 묘사된다. 잡초로 인한 수확량의 손실은 20%를 넘을 것으로 계산되며, 잡초를 해결하지 않으면 비료도 의미가 없어진다. 따라서 생명공학 작물이 가지고 있는 가장 보편적인 형질은 제초제다. 생명공학 작물 육성 방법에서도 설명한 바와 같이 제초제 내성 유전자는 유용 유전자를 이식한 형질 전환체의 선발 마커로 쓰이기도 한다. 즉, 유용 유전자와 함께 들어간 제초제 내성 유전자를 가진 세포는 제초제 성분이

그림 4-1. 제초제에 견디는 생명공학 콩
왼쪽은 잡초에 묻힌 콩밭, 오른쪽은 제초제를 뿌린 후 모습

들어 있는 배지에서 살아남음으로써 유용 유전자가 성공적으로 도입되었음을 증명한다. 그림 4-1은 제초제 내성을 가진 생명공학 콩과 일반 콩밭을 비교한 사진이다.

제초제 내성 작물의 육성 원리는 그림 4-2에 요약하였는데, 크게 두 가지로 나누어 볼 수 있다. 제초제는 식물에 필요한 효소 단백질과 결합하여 기능을 저해함으로써 식물을 고사시킨다. 생명공학 작물은 제초제의 작용점이 되는 표적 효소와 구조가 달라서 제초제와 결합하지 않는 돌연변이 효소 유전자 혹은 유사한 대체 효소 유전자를 다른 생물종에서 분리하여 이식 발현시킴으로써 제초제의 활성을 극복하는 방법과 제초제 자체를 불활성화 시키는 변형 효소의 유전자를 이식 발현시키는 방법 등이 활용되고 있다. 이로 인해 제초제를 적극적으로 불활성화 시킬 수 있어 토양 혹은 농작물에 잔류하는 제초제의 농도를 낮출 수 있고 결과적으로 일반 작물에 비해 오히려 환경친화적이고 건강에도 이롭다.

이러한 원리로 육성된 대표적인 작물은 표4-1과 같다. 즉 개발 회사에서 자신들이 생산하던 제초제에 대해 견디는 작물을 만들어내게 된 것이

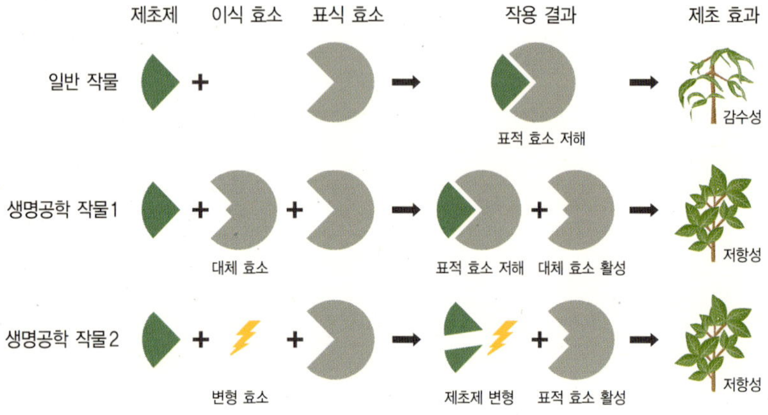

그림 4-2. 제초제에 견디는 작물의 육성 원리
제초제는 식물에 필요한 효소 단백질과 결합하여 기능을 저해함으로써 식물을 고사시킨다. 생명공학 작물은 제초제의 작용점이 되는 표적 효소와 구조가 달라서 제초제와 결합하지 않는 돌연변이 효소 유전자 혹은 유사한 대체 효소 유전자를 다른 생물종에서 분리하여 이식 발현시킴으로써 제초제의 활성을 극복하는 방법(생명공학 작물 1)과 제초제 자체를 불활성화 시키는 변형 효소의 유전자를 이식 발현시키는 방법(생명공학 작물 2) 등을 쓴다.

다. 이로 인해 종자와 제초제를 끼워 판다는 비난을 받기도 하지만 한편으로는 다행한 일이다. 특정 제초제에 견디게 하는 유전자가 잡초로 전이될 경우 다른 제초제를 써서 방제하는 한편 그에 견디는 작물을 재배할 수 있기 때문이다. 이렇게 제초제에 견디는 작물을 재배하면서 지난 10여 년 동안 14% 정도 제초제 사용량을 줄일 수 있었다는 사실이 이 기술의 친환경성을 입증한다.

한국에서는 밀양농업연구소의 한민희 박사 팀이 제초제 바스타에 견디는 벼 밀양204호를 육성하여 안전성을 검증 중에 있어 상업화가 기대된다.

나. 해충에 견디는 작물

해충에 견디는 작물의 육성에는 오래 전부터 저공해 생물 농약으로 활용

표 4-1. 상업화된 제초제 저항성 작물의 예

제초제	이식 유전자	원 리	적용 작물	제품명 개발 회사
Glyphosate (Roundup®)	*A. tumefaciens* CP4의 5-enolypyruvylshikimate- 3-phosphate synthase (EPSPS)	유사한 미생물 효소	콩, 카놀라, 목화, 옥수수	RRS 몬산토
Glyphosate (Roundup®)	*Ochrobactrum anthropi*의 glyphosate oxidase (GOX)	제초제 산화	카놀라, 옥수수	GT73 몬산토
Sulfonylurea (Glean®)	담배 혹은 애기장대의 acetolactate synthase (ALS)	저항성 돌연변이 효소	목화, 카놀라, 밀, 옥수수, 카네이션	19-51a 듀퐁 파이어니어
Phosphinothricin, glufosinate (Basta® Liberty®)	*Streptomyces*의 phosphinothricin acetyltransferase (bar, PAT)	제초제 아세틸화	카놀라, 콩, 벼, 옥수수	T25 바이엘(아벤티스)
Bromoxynil (Buctril®)	*Klebsiella pneumoniae*의 bromoxynil nitrylase (BXN)	제초제 가수분해	카놀라, 담배 목화(BXN)	BXN 바이엘(아벤티스)

되어 오던 미생물 *Bacillus thuringiensis*의 살충 단백질 유전자를 이용한다. 토양 미생물인 바실러스는 Bt 단백질(Bacillus toxin)을 생산한다. 이

그림 4-3. 제초제 내성 직파 적응형 품종 밀양204호
제초제 바스타를 살포한 경우 일반 품종은 말라 죽지만 생물공학 기술로 육성한 밀양204호는 싱싱하게 잘 자란다.

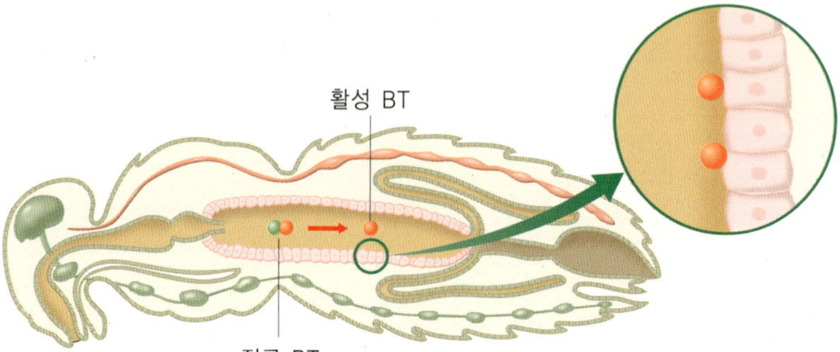

그림 4-4. Bt 단백질의 작용 원리
인간의 위는 산성이기 때문에 Bt 단백질의 활성화가 이루어지지 않으며, 수용체가 없어 Bt 단백질이 작용할 수 없다. 따라서 인간에게는 해가 없다.

단백질은 알칼리성인 곤충의 위 속에서 용해된 후 소화 효소에 의해 가수분해 됨으로써 활성화되고 곤충의 창자 세포막에 존재하는 특이한 수용체에 결합하면 세포막에 구멍을 뚫어 살충 효과를 나타낸다. 그러나 곤충의

그림 4-5. 해충에 견디는 옥수수
왼쪽은 일반 품종이고 오른쪽은 Bt 유전자를 이식한 생명공학 옥수수

표 4-2. 해충 저항성 생명공학 작물과 선택적 살충성

품목명	이식 유전자	작용 해충 특이성	적용 작물	개발 회사
531 (*Bollgard*)	*Cry1Ac* 유전자 (Bt ssp. *kurstaki*)	나비목 곤충	목화	몬산토
RBBT06	*Cry3A* 유전자 (Bt ssp tenebrionis)	콜로라도감자딱정벌레	감자	몬산토
MON810 (*YieldGard*)	*Cry1Ab* 유전자 (Bt ssp *kurstaki*)	유럽조명나방 (ECB)	옥수수	몬산토
BT11	*Cry1Ab* 유전자 (Bt ssp *kurstaki*)	유럽조명나방 (ECB)	옥수수	신젠타
CBH-351 (*StarLink*)	*Cry9C* 유전자 (Bt ssp *tolworthi*)	유럽조명나방 (ECB)	옥수수	아벤티스
DBT418 (*BtXtra*)	*Cry1Ac* 유전자 (Bt ssp *kurstaki*)	유럽조명나방 (ECB)	옥수수	몬산토
1507	*Cry1F* 유전자 (Bt ssp *aizawai*)	유럽조명나방 (ECB)	옥수수	듀폰
MIR162	Vip3Aa20	나비목 곤충	옥수수	신젠타
MON863	cry3Bb1 유전자 (Bt ssp kumamotoensis)	뿌리벌레	옥수수	몬산토

종류에 따라 수용체의 구조가 다르기 때문에 특정한 Bt 단백질은 특정한 종류의 곤충에만 작용하므로 선택적으로 매우 좁은 영역의 해충에만 사용 가능하다. Bt 단백질의 구조를 변화시키기에 따라서 수용체와의 결합 여부가 결정되고, 곤충에 대한 특이성도 나타나게 되어 선택적으로 사용할 수 있다. 따라서 Bt 단백질은 표적 곤충 이외에는 영향을 주지 않으며, 위액이 산성인 사람과 가축 등 동물에는 해가 없다. 캐나다에서는 산림의 해충을 방제할 목적으로 Bt 농약을 항공 살포할 정도로 안전성이 입증되었으며 유기 농업에서도 사용이 허가된 유일한 살충제이다(그림 4-4).

이에 착안하여 Bt 단백질 유전자를 작물에 이식시켜 식물이 Bt 단백질을

생산할 경우 해충들이 식물을 피하게 된다(그림 4-5). 특히 옥수수 조명나방과 같이 농약이 침투할 수 없는 옥수수 줄기 속을 파먹는 해충들의 경우에는 농약을 뿌리는 것보다 훨씬 효과적으로 해충을 방제할 수 있다는 장점이 있다.

표 4-2에서 나타난 바와 같이 다양한 종류의 Bt 단백질 유전자를 이식하여 특정 해충에 견디는 목화, 옥수수 등이 개발되어 상품화 되었다.

그림 4-6에서는 특정 Bt 유전자를 이식한 옥수수가 5종류의 다양한 해충에 대해서 나타내는 저항성의 차이를 보여주고 있다. Bt11의 경우는 유럽조명나방에는 효과가 뛰어나고 밤나방에 대해서는 다소의 효과가 있지만 다른 해충에는 별다른 효과가 없다. MIR162는 유럽조명나방에 대해서는 효과가 없다. 이들 2가지 유전자를 교배해서 합한 Bt11xMIR162의 경우 대부분의 해충에 대해서 효과를 나타내고 있다. 이들 생명공학 옥수수는 화학 농약을 처리한 경우에 비해 탁월한 방제 효과를 나타내었다.

한국에서는 국립농업과학원의 서석철 박사 팀이 국내에서 분리, 변형시

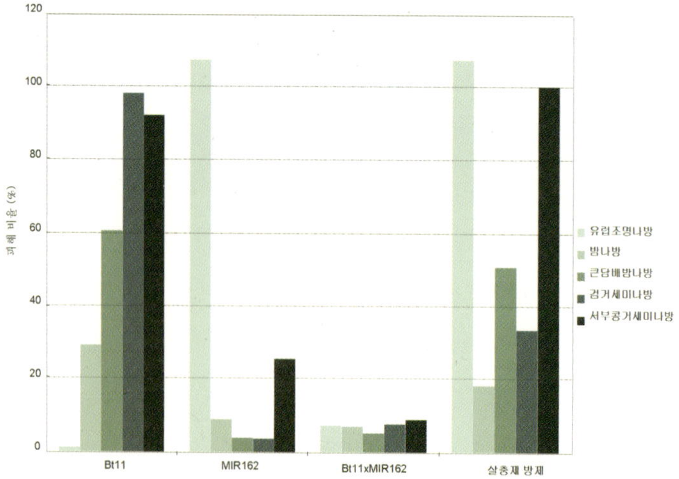

그림 4-6. 생명공학 품종 및 농약 방제에 따른 해충 피해 비교

그림 4-7. 혹명나방에 견디는 생명공학 벼
왼쪽의 일반 품종은 피해를 입었지만 cry1Ac1 유전자가 이식된 오른쪽의 병충해 저항성 Bt 쌀인 생명공학 품종은 피해를 입지 않았다.

킨 m-cry1Ac1 유전자를 이식하여 매년 상당한 피해를 입히는 혹명나방에 견디는 벼를 육성하였고 안전성을 검증 중에 있어 상업화가 기대된다.

다. 바이러스 병 저항성 작물

사람과 마찬가지로 식물도 바이러스에 의해 병에 걸리고 사람이든 식물이든 바이러스 병에는 아직 치료약이 없다. 바이러스는 세균보다 크기가 작고 원인을 밝히기가 힘들기 때문에 예방의 필요성이 그 어떤 병보다 강조되고 있다. 동물이나 식물은 체내에 세균이나 바이러스와 같은 이물질이 들어오면 면역 반응을 나타내게 되는데, 사람의 경우에는 백신 주사를 맞아 1차 면역 반응을 미리 일으켜 병을 예방한다. 이와 마찬가지로 미리 바이러스의 껍질 단백질 유전자나 바이러스 게놈의 일부를 식물의 체내에 이식하여 과발현 시키면 마치 백신에 의한 면역 반응과 같이 저항성을 갖게 된다. 그 원리는 바이러스 유전자의 전사 후 침묵현상(post-transcriptional

그림 4-8. 바이러스에 견디는 생명공학 작물
왼쪽 위: 사진 내에서 왼쪽은 일반 파파야 오른쪽은 생명공학 파파야. 오른쪽 위: 바이러스에 견디게 만든 생명공학 호박의 수확량이 많다. 왼쪽 아래: 바이러스에 견디게 만든 생명공학 토마토의 수확량이 많다. 오른쪽 아래: 바이러스에 견디게 만든 생명공학 감자의 수확량이 많다.

gene silencing)[7]에 기인하는 것으로 알려지고 있다. 그러나 이 방법은 면역 특이성이 매우 높아 특정 바이러스만 한정적으로 적용된다는 것이 단점으로 지적되고 있다.

지금까지 실용화된 경우를 살펴보면 papaya ringspot virus에 저항성을 갖는 파파야, potato leafroll virus, potato virus X 혹은 Y에 저항성을 갖는 감자, 그리고, Cucumber Mosaic Virus(CMV), zucchini yellows mosaic 및 watermelon mosaic virus에 저항성을 보이는 호박을 예로 들을 수 있다. 한국에서는 특히 (주)농우바이오의 한지학 박사 팀이 CMV에

7) 외래 유전자(예: 바이러스 유전자나 도입 유전자)의 불활성화를 뜻하며 외래 유전자의 높은 발현을 보이는 식물체에서 나타나는 자연적인 반응

견디는 고추를 육성하여 안전성을 검증 중에 있어 상업화가 기대된다.

라. 지방산의 조성을 개선한 유료 작물

동물은 불포화 지방산을 생합성 할 수 없기 때문에 식품을 통해서 섭취해야 한다. 그러나 다가의 불포화 지방산은 공기 중에서 쉽게 산패하여 과산화물을 생성하므로 고약한 냄새를 풍기고 건강에도 해롭다. 이를 개선하기 위해 화학적인 수소화를 통해 불포화도를 조절하는데 이 과정에서 트랜스 지방산이 생겨나게 된다. 지질을 생산하는 유료 작물의 경우에는 생명공학 기술을 이용해서 지방산의 조성을 변화시켜 트랜스 지방없이 지질의

그림 4-9. 바이러스에 견디는 고추
오른쪽은 CMV에 감염되어 성장이 부진한 반면 왼쪽 생명공학 고추는 싱싱하게 잘 자라는 것을 볼 수 있다.

질을 개선할 수 있다.

길이가 짧은 지방산의 생합성에 관여하는 효소유전자 12:0-ACP thioesterase 유전자를 이식시켜 샴푸, 세정제 등에 쓰이는 지방산 laurate(C12:0)와 myristate(C14:0)의 함량을 증가시킨 경우도 있고, 지방산을 불포화시키는 stearoyl ACP desaturase 유전자를 과발현 시켜서 불포화 지방산을 증가시키기도 한다. 역으로 자신의 지방산 불포화 효소 유전자를 침묵시켜 1가 불포화지방산 oleic acid 함량을 높인 대신 3가 불포화 지방산 linolenic acid 함량을 낮춰서 트랜스 지방산 없이 유통기간을 향상시킨 식용유도 개발되어 시판을 기다리고 있다.

ω-3 지방산[8)]은 성장기 어린이의 두뇌 발달에 영향을 미친다고 하여 많은 영양학자들이 섭취를 권하고 있고 소비자도 대체로 좋아한다. 그러나 이 ω-3 지방산은 고등어 등 등 푸른 생선에 주로 함유되어 있어 생선을 가까이 하지 않는 대부분의 소비자 및 어린이들은 섭취가 쉽지 않다. 따라서 물고기에서 ω-3 지방산 생합성에 관여하는 효소 유전자를 분리하여 식물에 이식하면 ω-3 지방산이 강화된 콩기름, 유채유 등 식물성 식용유를 얻을 수 있다.

우리나라에서는 들깨의 지방산 조성을 변화시켜 저장성을 향상시킨 경우가 있고 토코페롤 함량을 증가시켜 필수 비타민 성분을 강화하고 저장성을 향상시킨 경우가 있다.

마. 전분 함량 및 구조 개량 작물

글리코겐 생합성에 관여하는 대장균의 유전자 ADP-glucose

8) 오메가3 (ω-3) 지방산은 불포화지방산으로 주로 등 푸른 생선, 연어, 물범 등에서 얻어지며 주성분은 DHA(Docosahexaenoic Acid)와 EPA(Eicosapentaenoic Acid)이다.

표 4-3. 지방산의 조성을 개선한 생명공학 유료작물

이식 유전자	전환 형질	적용 작물	개발 회사
stearoyl ACP desaturase	high-unsaturated	카놀라	Pioneer Hi-Bred
12:0-ACP thioesterase	high laurate (12:0)와 myristate (14:0)	카놀라	Calgene
anti-sense fatty acid desaturase (GmFad2-1)	high-oleate (1가 불포화 지방산) low-linoleate (다가 불포화 지방산)	콩	DuPont

pyrophosphorylase를 감자에 이식해 발현시켰더니 전분의 함량이 30~60% 증가하였다. 그래서 이 감자를 튀기면 기름을 적게 흡수하여 더욱 바삭바삭한 감자 칩을 얻을 수 있다. 반면에 ADP-glucose pyrophosphorylase 유전자를 역방향으로 이식하면 유전자와 효소의 발현이 억제되고 그 결과 전분의 생합성이 억제되어 오히려 단맛이 증가한다. 한편 밀의 전분 입자 결합 단백질 puroindoline의 유전자를 벼에 이식시켜 종자 전분의 점탄성을 부드럽게 한 경우도 있다.

그림 4-10. 전분 함량을 증가시킨 감자

ADP-glucose pyrophosphorylase 유전자를 이식 과발현 시킨 감자(오른쪽)는 전분 함량이 증가하여 아이오딘 반응 색이 훨씬 진한 청남색이 되었다.

효과적인 바이오 에너지 생산을 목표로 전분이 쉽게 분해될 수 있게 내

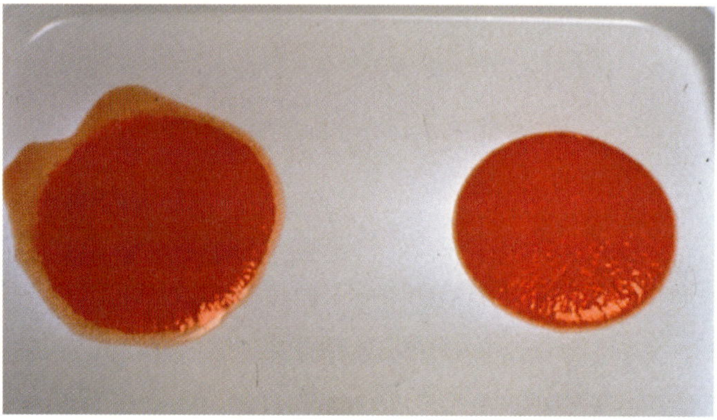

그림 4-11.
쉽게 액체와 분리되는 일반 토마토 캐첩(왼쪽)에 비해 무르지 않는 토마토를 원료로 만든 케첩(오른쪽)은 고형분 함량이 높아서 훨씬 걸쭉하고 맛있게 먹을 수 있다.

그림 4-12. 안토시안 생산 항암 토마토
위쪽 일반 토마토에는 없는 안토시안이 아래쪽 생명공학 토마토에서는 2.83±0.46mg 정도 생산된다. Nature Biotech 26: 1301 (2008)

열성 α–아밀레이스 효소 유전자를 이식하여 과발현 시키면 에탄올 발효를 위해 일부러 외부에서 α–아밀레이스를 공급할 필요가 없다.

이와 같이 전분 및 탄수화물 생합성에 관여하는 효소 단백질 유전자를 과발현 혹은 억제시키면 생합성 되는 전분의 특성을 변화시킬 수 있다.

바. 쉽게 무르지 않는 생명공학 토마토와 백신 토마토 육성

생명공학 작물 중에서 최초로 상품화된 잘 무르지 않는 토마토 Flavr Savr®는 별도의 외래 유전자를 이식시킨 것이 아니라 원래부터 존재하던 자신의 polygalacturonase 유전자의 암호화 부위를 뒤집은 antisense 유전자의 이식을 통해 형질 전환을 꾀했다. 이로써 세포벽의 펙틴을 가수 분해하는 유전자의 발현을 억제시켜 세포벽의 연화를 방지하여 고형분 함량이 높고 충분히 익힌 토마토를 수확하여 유통시킬 수 있게 되었다. 이밖에도 1-aminocyclopropane-1-carboxylic acid synthase 유전자의 억제 혹은 1-aminocyclopropane-1-carboxylic acid deaminase의 활성 증진을 통해 ACC 농도를 감소시키거나, S-adenosyl methionine hydrolase 활성 증진을 통해 SAM의 농도를 감소시키는 방법 등을 통해 궁극적으로 노화 호르몬 에틸렌의 생합성을 억제함으로써 한층 풍부한 맛과 질감을 느낄 수 있는 토마토를 개발하고 있다.

이외에도 Golden Rice®에서 그 효능을 증명한 바와 같이 비타민 A의 전구체인 lycopene 함량을 증가시킨 토마토, 금어초에서 분리한 2종의 안토시안 생합성에 관여하는 전사 인자 유전자 Delila와 Rosea1을 이식하여 antocyan 함량을 획기적으로 증가시킨 항암성 토마토 등이 육성 단계에 있고, 생식할 수 있는 이점을 활용하여 백신을 생산하는 토마토도 실용화 될 전망이다.

그림 4-13. 가뭄에 견디는 슈퍼 벼
가운데는 일반 벼, 좌우의 벼가 트레할로스 생합성 유전자를 이식한 벼

사. 환경 스트레스 저항성 생명공학 작물

일반적으로 작물은 한발, 염분 및 저온과 같은 외부 환경 스트레스에 의해 민감하여 그로 인한 피해는 곧 생산성 감소로 이어지게 된다. 그러나 식물에는 외부 환경 스트레스에 반응하는 자체 방어 유전자가 있어서 이들 유전자를 발현시켜 변화된 환경에 적응하며 살아간다. 오랫동안 전통 육종 기술을 이용하여 외부 환경 스트레스에 적응할 수 있는 작물을 개발한 결과 오늘날과 같은 풍요를 누리고는 있지만 지구 온난화에 따른 기상 이변이 속출하면서 농업은 극한 상황으로 내몰리고 있다. 그래서 오늘날에는 분자 육종 기술을 토대로 스트레스 저항성에 관여하는 유전자를 조절하여 환경 스트레스에 잘 견디는 작물을 개발하려는 연구가 진행되고 있다. proline, betaine, mannitol, trehalose, 토코페롤, 플라빈, 항산화제 등 스트레스로부터 식물 세포를 보호하는 물질들을 생합성하는 유전자들을 이식하고 과발현 시켜 스트레스에 대한 저항력을 증진시킨 경우와 ABF1,

CBF1, DREB1A 등 이들 유전자의 발현을 통합적으로 조절하는 전사 활성 인자 혹은 단백질 인산화 효소 유전자 등을 이식하여 신호 전달 체계를 변화시킨 경우도 있다. 더불어 작물의 생장을 저해하는 카드뮴, 수은, 구리 등의 각종 독성 중금속에 대해 저항성을 높인 형질 전환 식물체가 개발되고 있다. 이 식물들을 이용하면 중금속으로 오염된 토양을 효과적으로 정화시킬 수 있는 이점이 있다.

명지대학교 김주곤 교수 팀은 트레할로스 생합성 유전자를 이식하여 가뭄에 견디는 벼를 개발하였다. 이 결과는 영국 BBC 방송을 필두로, 미국 CNN, CBS 등 세계 언론이 아시아의 희망으로까지 대대적으로 보도하였고 국내에서는 사막에서도 자라는 슈퍼 벼로 소개되었다. 미국 코넬대학교 레이 우 교수와 국제 공동 연구를 통해 개발한 이 결과는 한국이 주도적으로 인도 생명공학 회사 마히코에 기술을 이전하여 상품화를 진행하고 있다.

아. 곰팡이 및 세균병 저항성 작물

농업은 작물의 수확량을 늘리기 위해 작물의 생산 체계를 집약화하고 단일 작물 재배 체제로 전환하였다. 그래서 식물 병원균이 증식하기에 유리해졌고 식물병 발생이 증가하게 되었다. 이에 대처하기 위하여 병원균의 방제 기술 개발과 함께 식물의 병 저항성에 관한 연구가 진행되어 왔다.

식물은 이동이 불가능하기 때문에 미생물 및 곤충의 감염에 대하여 스스로를 보호하는 다양한 생리적 기능을 가지고 있다. 식물의 품종에 따라 병원성 미생물의 감염에 대하여 특이한 저항성 반응을 보이는데 식물 세포의 저항성 반응은 크게 감염 부위에 국한하는 국지적 반응(local response)과 식물체 전체로 저항성이 확대되는 전신 획득 저항성(systemic acquired resistance)으로 구분된다. 국지적 반응은 감염 부위 및 그 주위의 세포에서 관찰되는 현상으로, 병원체의 생장을 억제할 수 있는 항생 물질이 합성

그림 4-14. 알마름병에 견디는 생명공학 벼
알마름병을 일으키는 B. *glumae*의 독소 플라빈을 분해하는 효소 유전자 tflA를 이식한 벼, 왼쪽이 일반 벼

되거나 일부 세포가 희생되어 죽음으로써 병원체의 확산을 저해하는 과민성 반응(hypersensitive response)이 대표적이며 저항성 반응들은 바이러스, 곰팡이, 그리고 세균의 감염에 대하여 공통적으로 관찰할 수 있다. 이러한 과민성 반응을 유도하는 신호의 인지 과정에 관여하는 유전자(R-gene)들이 다수 분리되었다. 이들 β-glucanase 및 chitinase 유전자 등을 발현시키거나, ribosome inactivating protein이 매개하는 과민성 반응을 이용하여 병저항성을 증진시킨 경우도 있다. 이들 유전자를 이용한 형질전환 작물의 개발과 병행하여, 저항성 유전자가 병원균 침투 시에만 발현되도록 하기 위한 유도성 프로모터(inducible promoter)의 개발에 관한 연구가 활발히 진행되고 있다.

식물 및 병원체의 다양성에 관계없이 저항 반응을 일으킬 수 있는 병해충 저항성의 신호 전달 인자로서 살리실산과 자스몬산 등이 알려져 있다. 살리실산은 식물의 비감염 부위에 PR 단백질(pathogenesis-related protein)의 발현을 유도하여 궁극적으로 식물 전체에 2차 감염에 대한 획득 저항성을 전파시키는 신호 전달 인자(signal transducer)이다. 그리고 자스몬산은 일부 병원균과 상해(wounding)를 수반하는 해충(곤충 및 애벌레)에 대하여 식물이 저항성을 갖도록 작용하는 신호 전달 인자이다. 또한 해충이 식물체에 상처를 주면 전 식물체에 자스몬산이 합성되어 비감염 부위에도 protease inhibitor들을 미리 합성하는 일종의 획득 저항성을 갖게 한다. 더욱이 자스몬산은 종자 발달, 노화, 광합성 등 발달 과정에도 관여하는 식물 호르몬의 특성을 함께 가지고 있다. 최근 자스몬산 메칠화 효소의 유전자를 이식한 형질 전환 애기장대의 병 저항성이 크게 증가하는 것이 관찰되었다.

자. 수확량을 획기적으로 증가시킨 초다수확성 벼

작물의 수확량을 증가시키는 방법에는 여러 가지가 있다. 잡초를 효과적

그림 4-15. 수확량이 획기적으로 증가한 초다수확성 벼

왼쪽 그림 : 왼쪽 일반 벼에 비해 NAM 유전자가 망가진 가운데 벼는 수확량이 줄지만 NAM 유전자를 과발현 시킨 오른쪽 벼는 수확량이 획기적으로 늘어났다.

가운데 그림 : NAC 유전자를 이식하면 벼 줄기가 굵어지고 수확량이 늘어난다.

오른쪽 그림 : AP2 유전자를 이식하여 과발현 시키면 이삭이 커져서 수확량이 증가한다.

으로 제거하고, 병해충을 제어하고 가뭄, 저온 등 각종 환경 스트레스를 잘 견디게 하면 수확량이 증가한다. 그러나 이와 같이 손실을 줄이는 간접적인 효과를 통한 증산 방법에 비해 식물체의 대사량을 증가시켜 수확량을 올리는 직접적인 방법이야말로 늘어나는 식량 수요를 감당할 수 있는 근본적인 대안이라 할 수 있다. 작물유전체기능연구사업단은 참여 연구원들의 공동 연구를 통해 수확량을 획기적으로 증가시킨 초다수확성 벼를 개발하였다.

유전자의 활성을 조절하는 몇몇 전사 인자 유전자(Ann, NAC, AP2 등)를 이식한 경우 생산량이 획기적으로 증가되었으며, 이들은 크기가 커진 경우, 분얼이 활발하여 이삭의 수가 많아진 경우, 줄기가 굵어지면서 생체 중량이 늘어난 경우 등 대사량의 증가 효과가 뚜렷하였다.

차. 카페인이 없는 커피

때에 따라서는 카페인을 즐기는 경우도 있지만 카페인 때문에 커피를 자제해야 하는 경우도 있다. 이를 위한 카페인이 없는 커피는 아직 연구 중에 있다. 현재 시장에 유통되는 커피는 카페인이 없는 커피가 아니고 일반 커피에서 카페인을 제거한 'decaffeinated' 커피이다. 카페인을 추출하는 과정에서 맛과 향기 성분이 같이 추출되기 때문에 일반 커피에 비해 기호도가 떨어진다. 그러나 생명공학 기술을 이용하여 여러 단계에 걸친 카페인 생합성 과정에서 theobromine synthase 유전자 1개의 발현을 억제시키면 카페인 함량은 70% 감소하지만 다른 맛과 향기 성분이 그대로 보존된 맛있는 커피를 얻을 수 있다. 차의 경우도 마찬가지이다.

같은 기술을 적용하면 모르핀이 없는 양귀비를 육성할 수 있다. 양귀비 기름은 심장병 환자들에게 처방할 수 있는 유일한 식용유이다. 그러나 양귀비 특유의 모르핀 성분이 마약으로 분류되어 양귀비의 재배는 엄격히 통제되고 그 결과 양귀비 기름을 구하기가 매우 힘들다. 카페인이 생합성되지 않는 커피를 육성한 기술을 이용하여 모르핀 생합성 효소 codeinone reductase 유전자 1개를 억제시키면 모르핀이 없는 양귀비를 얻을 수 있어서 심장병 환자에게 희소식이 됨은 물론 일반인들도 자유로이 예쁜 양귀비 꽃을 감상할 수 있게 된다는 장점이 있다. 현재 이러한 기술을 적용하여 만든 니코틴이 없는 담배가 시판 중에 있다.

카. 청색 장미와 카네이션

영어에서 Blue Rose는 불가능하다는 의미로 쓰인다. 그러나 생명공학 기술을 이용하면 청색 장미를 얻을 수 있다. 오스트레일리아 생명공학 회사 Florigen은 붉은색 cyanidin 색소와 주황색 pelargonidin 색소를 생합성하는 dihydroflavonol reductase 유전자를 억제하는 한편 청색 색소 delphinidin를 형성하는 dihydroflavonol reductase 효소 유전자를 iris에서 분리 이식하여 과발현 시켜 꽃잎에 있는 안토시안이 100% Delphinidin으로 이루어진 청색 장미를 얻었다. 아직은 기대했던 만큼 환상적인 청색을 띠지는 못했지만 계속해서 연구가 진행되면 자연계에서는 볼 수 없었던 환상적인 색깔의 청색 장미를 선물할 날도 멀지 않은 듯하다. 카네이션 경우에도 종류에 따라 다양한 색깔을 띠는 안토시안 생합성의 분지점이 되는 dihydrokaempferol의 대사와 관여되는 효소 유전자를 조절하여 여러 종

그림 4-16. 오스트레일리아 Florigene이 개발하여 시판 중인 청색 카네이션 Moonvista™ Moonshade™ Moonlite™ Moonaqua™

그림 4-17. 오스트레일리아 Florigen과 일본 Suntory가 개발한 청색 장미

류의 청색 카네이션이 먼저 상품화 된 바 있다(그림 4-16).

이 원리를 이용하면 청색 목화도 얻을 수 있을 것이다. 색깔을 띠는 목화의 경우에는 염색 과정이 필요 없게 되어 섬유 및 패션 산업에 혁명적인 변화가 가능할 것이다. 즉 심각한 공해를 유발하는 염색 과정이 생략되면 청바지를 포함하여 친환경 면섬유 제품이 각광을 받게 될 것이 자명하기 때문이다.

타. 지뢰를 탐지하는 식물

전쟁을 겪고 있는 나라에서 수많은 어린이들이 지뢰 때문에 피해를 보고 있다. 지뢰를 매설하는 데 들어가는 돈에 비해 지뢰를 제거하는 데 훨씬 더 많은 비용이 드므로 지뢰를 제거하는데는 소홀하기 때문이다. 많은 비용이 드는 이유는 매설된 지뢰를 찾는 일이 결코 쉽지 않기 때문이다. 덴마크 생명공학 회사는 주변에 화약 성분이 있으면 안토시안 색소를 생합성하여 빨갛게 색깔이 변하는 식물을 개발하였다. 후대 종자를 맺을 수 없는 일년생

그림 4-18. 지뢰 등 화약 성분에 의해 안토시안을 생산하고 빨갛게 변하는 식물

식물 종자를 항공 살포할 경우 지뢰 매설 지역을 손쉽게 찾을 수 있을 것이며 이 식물은 종자를 맺지 못하기 때문에 목적을 달성한 이듬해에는 사라지게 된다. 이 식물을 보고 있으면 새로운 특성의 식물을 육성하는 일은 제품을 개념화하는데 필요한 인간의 상상력에 한계가 있을 뿐 기술적인 한계는 없다는 생각이 든다. 결국 제품의 개념을 뒷받침 할 수 있는 유전자를 파악하는 일이 시작이고 끝이라고 할 수 있다.

파. 복수 유전자 이식 및 후대 교배종

농업에서 요구되는 가장 기본적인 특성은 높은 수확량 다음으로 효과적인 잡초 및 병해충 방제를 가능하게 하는 것이다. 따라서 앞에서 기술한 제초제에 견디는 특성, 해충에 견디는 특성은 생명공학 작물의 가장 기본적인 특성이 되므로 앞으로 개발되는 생명공학 작물은 모두 이들 특성을 발현시키는 유전자를 이식하는 것으로 시작한다. 이미 이 두 가지 특성을 모두 가진 생명공학 작물이 2007년 경우 전체의 19%를 차지하고 있다. 이렇게 복수의 특성을 가진 작물을 육성하는 방법은 각각의 특성을 결정하는 유전자들을 한꺼번에 이식할 수도 있지만(복수 유전자 이식) 각각의 유전자를 이식한 작물의 교배를 통해 모으는 방법도 있다. 이를 후대 교배종이라 한다. 미래의 생명공학 작물은 이러한 형태가 지배적일 것으로 판단된다. 현재 6종의 해충 저항성 유전자와 2종의 제초제 내성 유전자를 이식한 SmartStax®가 출시를 기다리고 있다.

2. 생명공학 벼 연구의 현황과 전망

쌀은 전 세계 인구 중 약 38억 명이 섭취하는 주된 곡물로, 대부분 아시아에서 경작되고 주식으로 이용된다. 지난 20~30년간 쌀의 증산은 주로 노동 집약적인 경작 기술과 전통 육종 기술의 개발을 토대로 이루어졌다. 그 결과 현재의 쌀 생산량은 1965년에 비해 약 2배가량 증산되었다.

그러나 개발도상국에서는 몇몇 주곡(쌀, 카사바, 밀, 옥수수)만을 주로 섭취하여 주 영양소 및 무기 염류 등의 부족 현상이 나타나고 영양의 불균형을 이루고 있다. 쌀에는 단백질, 비타민, 무기 염류 등의 영양소가 부족해 영양의 불균형으로 인한 영양실조가 야기된다. 그래서 쌀만을 주로 섭취하는 개발도상국에서는 심각한 질병과 기아가 생기고 있다. 전 세계적으로 비타민 A 결핍으로 인해 눈이 머는 아이들이 약 50만 명이 있고, 115만

그림 4-19. 황금쌀
비타민 A의 전구체가 되는 β-카로틴 함량을 높이면 당근 색을 띤다.

명의 아이들이 비타민 A 결핍으로 인해 죽어가고 있다. 특히 동남아시아에서는 5세 미만의 어린이들 중 70%가 비타민 A의 결핍으로 고통 받고 있으며, 그로 인해 질병이 증가하고 있다. 뿐만 아니라 전 세계 인구의 20억 명 정도가 철 결핍과 요오드 결핍으로 인해 고통에 시달리고 있는 실정이다.

황금쌀(Golden Rice)은 영양 결핍을 극복하기 위한 벼 연구의 일환으로 쌀에 부족한 비타민 A를 보강하기 위하여 전구물질인 β-카로틴 함량이 높도록 개발되어 최근 필리핀에서 품종 육성 단계에 돌입하였다. 유니세프(UNICEF)에서는 비타민 A 강화 쌀이 개발됨으로써 매년 1~2백만 명의 어린이들을 죽음으로부터 구해낼 수 있을 것이라고 기대하고 있다.

약 10여 년 전부터 분자 육종 기술을 기반으로 하는 식물 형질 전환 기술 및 응용은 그 수준이 매우 향상되었고, 급기야는 가뭄에 견디는 벼, 병해충 저항성 벼, 초다수확성 벼가 개발되기에 이르렀으며 인슐린 유사 생장 인자를 함유하여 당뇨병 환자를 위한 쌀도 개발되고 있다(표 4-4). 그러나 아

표 4-4. 벼 형질 전환체와 이식된 유전자

형질 전환 목표	이식된 유전자
내충성 벼	*Bt(crylAb)*
호엽고병(RSV) 저항성 벼	*coat protein*
잎마름병 저항성 벼	*toxoflavin lyase*
제초제(glufosinate) 저항성 벼	*PAT(bar)*
가뭄에 견디는 벼	*trehalose synthase*
초다수확성 벼	*NAC, Ann,* 혹은 *NAM*
비타민 A(β-carotene) 강화 벼	*phytoene desaturase* *carotene desaturase*
당뇨병 쌀	human insulin-like growth factor 1 혹은 Glucagon-like peptide-1
양조용 저단백질 쌀	antisense-*glutelin*
저알레르기(low-allergen) 쌀	antisense-*albumin*

직 품종으로 재배되는 형질 전환체는 없고, 다만 해충에 견디는 Bt 벼가 중국에서 상업적인 재배 허가를 기다리고 있다.

벼는 게놈의 크기가 4.3x10^8bp 정도로 비교적 작아서 식물 분자 생물학의 모델 식물로 집중 연구되어 왔으며, 특히 그 유전자의 구조를 규명하려는 노력의 결과 이미 4번에 걸쳐 유전자의 염기 서열이 분석된 최초의 생물로 기록되었다. 지금까지 전통 육종 기술에 의해 품종 개량이 지속적으로 연구되어 왔고, 많은 유전적 지식이 축적되어 있기 때문에 완전 해독된 유전자의 염기 서열을 통해 나타난 유전 정보는 벼의 품종 개량을 더욱 효과적으로 가능하게 할 것이다. 더욱이 최근에는 유용 유전자의 이식을 통한 형질 전환 기술이 벼에서도 보편화되어, 형질 전환 작물의 개발에 획기적인 연구 기초를 제공해 주고 있어 21세기의 식량 문제 해결에 밑거름이 될 것이다.

3. 우리나라의 현황

우리나라의 경우 연구실 수준의 생명공학 작물 개발 사례는 다수가 보고되고 있으나 실용화 단계를 거쳐 품종으로 등록된 경우는 아직 한 건도 없다. 지난 10여 년 동안 과학기술부 신기능생물소재개발사업을 비롯하여, 농촌진흥청, 한국과학재단 및 학술진흥재단에서 지원한 다양한 연구 개발 사업들을 통해, 농촌진흥청(14작물 35종), 한국생명공학연구원 및 전국 대부분 대학 연구실에서 제초제에 견디거나, 병 또는 각종 재해에 대한 저항성을 높이거나, 혹은 기능성을 강화한 벼, 토마토, 감자, 콩, 고추, 배추, 마늘, 들깨, 담배, 피튜니아, 국화, 장미 등 다양한 생명공학 작물을 개발 중에 있다(표 4-5). 그동안의 연구를 통해 phosphinothricin acetyl transferase(PAT)를 만드는 bar 유전자를 식물체 내에 이식, 식물체가 제초제 glufosinate(Basta®)를 불활성화 시키도록 설계하여 제초제에 견디게 만든 벼와 감자가 보고 되었다. 이외에도 δ-15-desaturase 유전자를 이용하여 ω-3 지방산 함량을 높인 들깨, superoxide dismutase 유전자를 이용하여 노화 방지나 환경 스트레스 저항성을 갖게 한 오이, jasmonic acid methyl transferase 유전자를 이용하여 병 저항성을 갖게 한 담배, abscisic acid 반응 인자의 조절을 통한 건조 저항성 담배 등의 개발이 시도되어 현재 학계에 보고되거나 특허 출원 중에 있다. 생명공학 산업체인 사이젠하베스트에서는 제초제 저항성 유전자인 Protox(proto-porphyrinogen oxidase)로 벼를 형질 전환시킨 결과 분얼 수와 이삭 수가 20% 증가된 형질 전환체를 확보하고 대규모로 논밭에서 직접 재배하여 평가를 수행하고 있다. 그리고 농촌진흥청에서는 제초제 저항성 형질 전환 벼를 밀양23호와 교배한 후 정상 임성인 개체들을 선발하였는데, 그 중 어떤 것은 통일계인 삼강 벼와 교배 시 수량성이 높았다고(정조 1,344kg/10a) 발표하였다. 이 형질 전환체를 가지고 1대 잡종 벼를 개발하는 재료로 사용하면 수량을 획기적으로 증진시킬 수 있을 것이다. 최근 명지대 김주곤 교수팀은 가뭄에 견디는 트레할로스 벼와 초다수확성 벼를 개발하여 인도와 독일에 각각

표 4-5. 국내에서 연구 개발 중인 생명공학 작물

특 성	작 물
제초제 저항성	벼, 고추, 감자, 배추, 양배추, 오이, 들깨, 마늘, 수박, 콩
병해충 저항성	벼, 고추, 밀, 배추, 감자, 양배추
생산성 향상	광합성 효율 증진 벼
환경 재해 저항성	내건성 벼, 내염 · 내건 · 내열성 감자
품질 향상	지방산 개선 들깨
특수 기능	백신 생산 토마토, 혈압 강하 들깨, 비타민 E 강화 들깨 · 상추
부가가치 향상	화색 전환 나리, 조기 개화 국화, 개화 조절 고추 · 사과

기술을 전수하는 실적을 올리기도 하였다.

세계 추세에 비해 국내의 개발이 뒤쳐진 근본적인 원인을 찾아보면 연구 지원 체제가 단위 과제 중심의 단기 성과 위주로 산만하게 이루어졌고, 장기간 지속적인 투자를 요구하는 기초 연구의 부재로 연구의 고유성이 뒤떨어졌으며, 소비자들의 거부감으로 정부의 지원 의지가 적극적이지 못했던 점등을 들 수 있을 것이다. 그러나 최근에는 인삼, 고추, 배추, 마늘, 수박 등 국내 주요 작물을 대상으로 연구 성과의 고유성을 확보하기 위한 노력을 경주하고 있어 조만간 성과가 가시화 될 것으로 보인다. 특히 최근 들어 형질 전환 작물의 식품 및 환경 안전성 논란이 고조된 시점에서 보다 안전한 형질 전환 기술의 개발에도 눈을 돌리고 있는 점은 매우 고무적인 일이다. 또한 실용화 노력은 그동안 법체계가 미비하여 늦어지고 있었으나, 2001년 식품 및 환경 안전성 검정 기준 및 방법이 제정되어 농촌진흥청을 중심으로 이들 생명공학 작물들의 실용화 노력에 박차를 가할 전망이다.

특히 생명공학 기술을 이용해서 육성한 작물의 품종화에 필요한 전통적인 작물 육종 · 재배에 관한 기술은 세계 최고 수준으로 이미 1970년대 쌀 자급을 가능하게 한 녹색 혁명을 이룩한 바 있으므로 새로운 유전자 이식 기술과 접합하여 재배 특성의 강화를 통한 품종화를 달성하는 경우 전통 기술과 신기술의 융합을 통한 상승효과를 거둘 수 있다.

세계 종자 시장의 규모는 2000년에 210억 달러를 기록하였고, 2010년에는 300억 달러로 성장할 것으로 예측하고 있다. 유전공학 기술을 응용한 생명공학 작물의 종자 시장 규모는 2000년에 30억 달러에 머물렀으나, 2010년에는 250억 달러 규모의 시장이 형성될 것으로 예측하고 있다. 이는 작물의 상당 부분(약 80% 정도)이 생명공학 작물로 대체될 것을 시사하고 있다.

그러나 국내의 채소 종자 시장은 현재 약 1,500억 원(1억 달러) 규모로 세계 시장의 0.5% 정도이다. 세계 추세대로 간다면 2010년 국내 작물의 생명공학 종자 시장 규모는 2,000억 원으로 예상되지만 자체의 기술 개발이 수행되지 않을 경우에는 이를 전량 수입에 의존할 수밖에 없다.

4. 생명공학 작물의 효과

과거에는 농약을 사용하여 잡초와 병충해의 피해를 감소시키고 비료를 뿌려 토양의 생산성을 향상시켜 주면서 작물의 생산량을 늘려 왔지만, 생명공학 작물들은 대부분의 농민들이 겪는 잡초와 병충해의 고질적인 문제를 해결해 주었으며 높은 토양 생산성을 보여 주고 있다. 생명공학 작물의 제초제 및 살충제 감소 효과를 그림 4-20에 나타냈다(Brookes and Barfoot, 2008). 제초제 및 살충제 유효 농약 성분으로 계산하면 7.9%가 감소하였지만 환경에 미치는 영향을 고려하여 환산한 환경부하 지수는 15.4%가 감소한 것으로 조사되었다. 이는 GM작물이 오히려 환경친화적

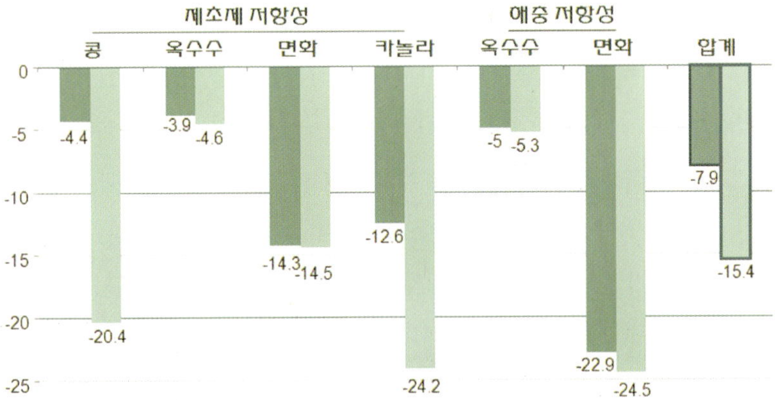

그림 4-20. GM 작물의 제초제 및 살충제 감소 효과 (1996-2006)

표 4-6. 생명공학 작물의 수확량 증산 효과

작물	콩	옥수수	면화	카놀라
1996-2006년 총 증산량(백만톤)	53.3	47.1	4.9	3.2
2006년 증산량* (백만톤)	11.6	9.7	1.4	0.2
2006년 증산율(%)	20	7	15	3

* 2006년 증산량은 67백만 명분의 식량에 해당
** Brookes and Barfoot, 2008

임을 입증하고 있다.

지난 10여 년간 생명공학 작물의 수확량 증산 효과를 표 4-6에 제시하였다(Brookes and Barfoot, 2008). 2006년 증산량은 67백만 명분의 식량에 해당한다. 다음 세대의 생명공학 작물은 현재 재배되고 있는 제초제 내성과 해충 저항성의 기반 위에 본격적인 수량 향상 품종들이 개발되고 있어 시간이 지나면서 수확량 증산 효과는 더욱 두드러질 것으로 전망된다.

세계의 인구가 폭발적으로 증가하고 있어, 생명공학 작물의 개발은 녹색혁명 이래 또 하나의 농업 혁명으로 부상하고 있다. 오늘날 농업 생명공학 기술은 생산성의 향상, 환경 보전, 식품의 안전성 및 품질 향상에 기여함은 물론 농업의 경쟁력을 높일 수 있는 유력한 대안으로 인식되고 있다. 생명공학 농산물의 개발은 미국, 캐나다 등의 선진국이 주도하고 있지만 기술면에서 우리나라도 선진국과 격차가 그다지 크지 않아 앞으로 유망 산업으로 각광받을 전망이다. 대부분의 농산물을 수입에 의존하고 식량 자급도도 낮은 우리나라의 사정으로 볼 때, 생명공학 농산물이 지니고 있는 여러 가지 장점을 결코 간과해서는 안 될 것이다.

5

생명공학 작물 식품의 평가 및 관리 체계

최근 세계적으로 생명공학 작물의 연구 개발이 매우 활발하게 이루어지고 상업화가 빠르게 진행되고 있다. 세계 52개국 45억 명의 인구가 10년 넘게 식량으로 사용하였고, 수를 셀 수 없이 많은 가축들이 생명공학 작물로 사육되고 있지만 생명공학 농산물이 안전하지 않다는 단서나 증거는 어디에서도 찾아 볼 수 없다. 이들이 가져다주는 여러 가지 경제적, 환경적인 이점에도 불구하고 생명공학 작물이 인체 및 환경에 미칠 수 있는 잠재적 위해성에 대해 일부 소비자들은 여전히 우려하고 있다.

현재 소비자들이 생명공학 작물에 대해 우려하고 있는 것은 1994년 생명공학 작물이 처음 상업화될 때 제기 되었던 많은 의문점들에 불과하다. 이들 의문점들은 10여 년 넘게 대규모로 재배하고 소비하는 동안 대부분 해소되었다. 지금까지 전문가들에 의해서 제기된 위해 가능성은 다음과 같았다. 생명공학 작물이 새로운 독성 물질을 생성할 가능성, 알레르기 유발 가능성, 필수 영양 성분의 변화 가능성, 항생제 내성 유발 가능성, 생명공학 식품을 장기적으로 소비했을 때의 영향 등 이들 제품을 식품으로 섭취하였을 경우 생길지도 모르는 인체의 안전성 문제가 가장 컸다.

또, 생명공학 작물이 환경 또는 자연 생태계를 교란시켜 생물의 다양성이 파괴 되고 이로운 곤충 수가 감소할 가능성, 내성 곤충의 조기 출현 가능성, 생명공학 작물의 잡초화 가능성, 생명공학 작물의 유전자가 다른 생물 종으로 전이되어 유전자 오염(genetic pollution)을 일으킬 가능성, 특히 슈퍼 잡초의 탄생을 우려하는 환경적인 문제 또한 제기되었다. 기타 비의도적 영향뿐만 아니라 살아 있는 생물체를 인위적으로 변형시키는 것이 도덕적으로 과연 올바른 일인가 하는 윤리적 문제에 대해서도 우려를 나타냈다. 그리고 생명공학 작물이나 종자의 개발을 다국적 기업이 독점하여 저개발 국가의 농업 및 경제를 예속화 시키는 사회·경제적인 영향도 지적하였다.

이런 생명공학 작물의 안전성에 대한 논란은 영국의 푸스타이(Arpad Pusztai) 박사가 동물 실험 결과를 발표하면서 불을 지폈다. 렉틴 유전자를 이식한 생명공학 감자와 일반 감자를 일정 기간 동안 쥐에게 먹인 후 비교하였더니 생명공학 감자를 먹인 쥐에서 소장의 기형화 현상이 더 많이 나타났다고 하였다. 그러나 실험에 사용된 생명공학 감자는 상업화를 염두에 두지 않은 연구용 감자였을 뿐만 아니라, 푸스타이 박사의 실험 결과는 재현성을 보이지 못하였고 통계적인 유의성을 입증할 만한 자료도 제시하지 못하였다(제 6장 사례 참조).

이를 계기로 뉴스 미디어의 부정적인 보도, 각종 시민 단체들의 비과학적인 오해(그림 5-1), 산업체에 대한 불신감 및 상업적 목적의 과대광고(그림 5-2) 그리고 전통 작물의 생산 체계에 대한 농업적 지식의 결여 등이 복합적으로 작용하여 생명공학 작물을 무조건 적대시하는 시민운동으로 번져 나갔다. 더욱이 과학기술인들이 생명공학 작물에 대한 소비자들의 우려에 적절히 대응하지 못했고, 새로운 기술의 필요성, 가치 및 효과를 설득시키지도 못했다.

그럼에도 불구하고 지난 10년 넘는 시간 동안 생명공학 작물은 세계 23개국에서 매년 평균 13%씩 면적을 늘려 가면서 세계 경지 면적의 8%가 넘게 재배되었다. 이처럼 상업화 초기에 제기된 많은 염려들은 점점 그 가능성이 희박해지면서 해소되어 가고 있다.

과학 기술은 위험성과 편리함의 양면성을 모두 가지고 있다. 자동차에서 뿜어져 나오는 배기가스가 대기를 오염시키고 교통사고로 인해 많은 사람들이 죽어 간다고 하여 우리가 자동차의 편리함을 포기할 수 없는 것과 같다. 사실 기술 그 자체는 선하지도 악하지도 않다. 선악은 우리가 그것을 어떻게 사용하느냐에 따라 결정된다. 물론 상상을 초월한 새로운 문제들이 야기될 수 있을 것이다. 하지만 무조건 연구 개발을 금지 혹은 방해한다고 해서 문제가 해결되는 것은 아니다. 소비자들은 올바른 판단과 결정을 할 수 있도록 좀 더 적극적으로 새로운 기술에 대해 관심을 가지고 충분한 지식을 쌓아야 한다. 과학 기술의 기본적인 원리를 이해할 때 진정 윤리적 · 사회적

그림 5-1. 시민 단체들에 의한 생명공학 식품 반대 시위

그림 5-2. 식품업체들의 NON-GMO 선언 광고 전단

문제점과 막연한 공포에서 비롯되는 문제점을 해결할 수 있을 것이다.

생명공학의 혁명은 그 어떤 기술 혁명보다 규모와 범위 면에서 가장 광범위하고, 범세계적으로 사회, 문화에까지 영향력을 발휘하게 될 것이다. 특히 식물 생명공학 부문의 맞춤 작물(Designer Plant) 제조 기술은 앞으로 인류의 생존 기술로 자리매김할 것이다. 분명한 것은 맞춤 아기(Designer Baby) 기술과 마찬가지로 생물 산업의 잠재력을 보여 주는 상징이 될 것이며 생물 산업을 주도하는 양대 축이 될 것이라는 점이다.

생명공학 작물은 개발이 되더라도 바로 상품화되지는 않는다. 개발 초기에 제품의 개념화와 활용 유전자 발굴 단계에서부터 안전성을 최우선으로 고려하며 시제품은 성능 실증 실험 단계에서 매우 엄격한 내부 검정을 거치게 된다(그림 5-3). 이 단계에서 거의 대부분의 경우가 탈락하고 정말 효용성과 안전성이 입증된 경우에 한해 상품화되는데 이 단계에서는 체계적

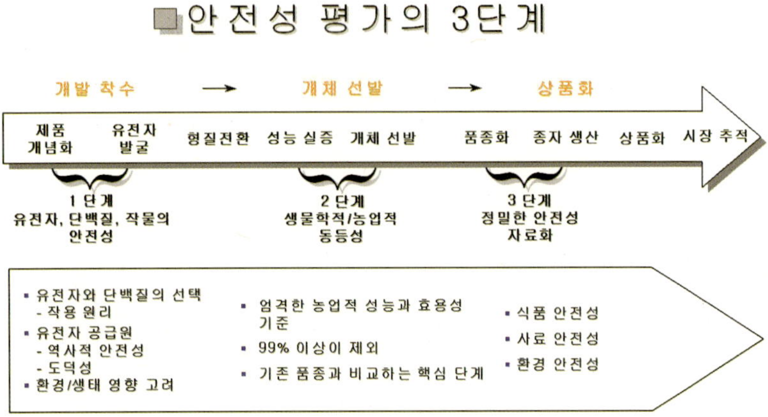

그림 5-3. 상업화를 위한 생명공학 작물의 안전성 평가 단계

이고 정밀한 안전성 검사를 실시하고 자료화하여 허가를 신청하게 된다. 개발자의 입장에서는 애써 개발한 제품이 폐기됨으로써 입게 되는 손실을 최소화하기 위해서도 초기 단계에서 결정을 하는 것이 보편적이다.

생명공학 기술을 사용한 농산물은 세계 대부분의 나라에서 환경 및 식품 안전성 검사를 받아야 하며 이를 통과할 경우에만 실용화할 수 있는 제도적 장치가 마련되어 있다. 이는 새로 합성된 신물질 의약품이나 농약이 철저한 안전성 검사가 이루어진 후에야 비로소 상품 허가를 받는 경우와 마찬가지이다. 그러나 그에 앞서 개발 회사 자체에서 자발적으로 검정 절차를 밟는다.

생명공학 제품을 개발할 때에는 반드시 안전성을 최우선으로 고려하여 계획하고 실시한다. 만약 결과가 인체나 환경에 나쁜 영향을 끼칠 가능성을 보이면 반드시 개발을 중단할 수밖에 없다.

한 예로, 미국 육종 회사 파이어니어 하이브리드(Pioneer Hybrid)에서 콩의 필수 아미노산 함량을 증가시키기 위해 브라질너트에서 분리한 메티오닌과 시스테인 함량이 특히 높은 2S 알부민 유전자를 이식시킨 적이 있었다. 그러나 브라질너트에 대한 알레르기 반응이 종종 보고 되었으며, 이식 유전자에서 합성되는 단백질이 그 원인으로 지적되었다. 자체 검사에서 생명공학 콩에서도 알레르기를 유발할 가능성이 지적되어 결국 폐기되었는데, 이런 것이 개발자 내부 자체 검정 체제의 대표적인 경우이다.

또 다른 예는 2001년에 일어난 스타링크 옥수수 파동을 들 수 있다. 사료용으로 허가된 해충 저항성 옥수수 일부가 식용으로 유입된 후 타코(일종의 샌드위치) 껍질 제조에 쓰인 것이 알려져서 전 세계를 긴장시킨 적이 있었다. 이후 제품 개발 회사 아벤티스 크롭사이언스(Aventis Crop Science)가 자발적으로 시장에서 품목 등록을 철회하면서 이미 유통된 나머지 옥수수를 회수하였고 필요한 경우 보상하였다(사례 참조). 이 과정에서 아벤티스 크롭사이언스는 거의 1조 원에 해당하는 손실을 입었다. 이는 예상 수익금과는 비교조차 할 수 없는 천문학적인 금액이었다. 사례에서 볼 수 있듯이 개발 제품에 하자가 발생할 경우 입게 되는 손실을 생각하면 안전성이 확보되지 않은 생명공학 작물을 섣불리 상품화할 수 없다는 점을 단적으로 알 수 있다.

이와 같이 보다 깨끗한 농산물을 보다 많이 생산하기 위해 개발된 생명공학 농산물이 식품 및 환경 안전성에 대한 의구심을 불러일으켰고, 생명공학 작물의 생산 및 소비에 대한 전반적인 문제가 뜨거운 쟁점으로 부각되었다. 이에 세계 각국 정부는 객관적인 안전성을 확보하기 위한 제도적인 장치를 마련하였다. 그림 5-4에서 생명공학 작물의 안전성 평가 체계 및 평가 항목을 제시하였다. 구체적인 내용은 아래에서 자세히 다루겠지만, 이 체계에서 보면 허가 자체가 중요한 것이 아니라 상품화 후에도 지속적인 시장 추적을 통해 안전성 관리가 이루어지도록 구축하였다는 점에 주목할 필요가 있다.

점차 생명공학 작물의 이점이 부각되고 재배 면적이 늘어나면서 소비자

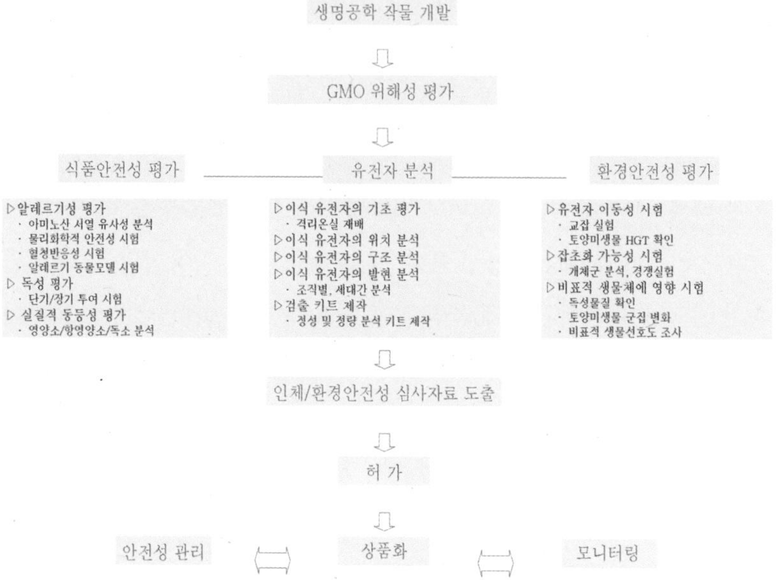

그림 5-4. 생명공학 작물의 안전성 평가 체계 및 평가 항목

들의 이해도 개선되는 경향을 보이고 있다. 특히 그동안 생명공학 작물의 수입을 금지하던 유럽도 2005년부터 적극적으로 수용 자세를 갖추어 재배 면적을 늘려 가고 있으며 기업은 제품 개발에 박차를 가하고 있다. 초기에는 예상보다 부진한 진도를 보였으나 21세기는 생명공학 작물의 시대가 될 것임에 틀림없다. 나아가서 생명공학 작물이 고가의 의약 성분을 효과적으로 대량 생산하는 생체 반응기로서 활용되고, 석유 화학을 대신하여 플라스틱 원료 등 유용 물질 및 바이오 에너지 생산 수단으로 활용될 경우 이 기술의 잠재력은 상상을 초월할 것이다. 그리고 보편적인 절대 다수의 생존 기술이 될 것이다. 안전하게 그리고 생산적으로 이 기술을 향유하기 위해 지혜를 모아야 할 때이다.

1. 생명공학 작물의 식품 안전성 평가

개발된 농작물의 식품 안전성은 신규성, 알레르기성, 항생제 내성, 독성 등에 대하여 정밀하게 평가된다. 식품의 특정 성분이 기존의 품종에는 없는 것이거나 양이 크게 다를 경우, 신규성이 있는 것으로 판단하여 검사가 필요한 범위와 정도를 제시할 수 있다. 신규성이 있는 물질에 대해서는 만성 독성이나 유전 독성 등과 같은 독성 실험에 의해 안전성을 확인하고, 그 자료를 확보하는 것이 중요하다. 그러나 의도하지 않은 영향에 대해서는 직접 실험할 수 있는 방법이 없어 유용 유전자를 준 생물체와 유용 유전자, 이식 방법, 이식한 위치와 이식 부위 주변의 유전자 서열 등의 자료를 이용하여 평가한다. 다만, 이식된 유전자에 의해 만들어지는 단백질이 효소일 경우에는 2차 대사 산물이 생성될 우려가 있어 이에 대해서도 검토한다. 검토 과정에서 그 가능성이 우려된다면 동물 실험을 통한 독성 평가를 실시하게 된다. 현재로서는 생장이 빠른 쥐나 닭을 실험에 이용하고 어떤 영향이 있을 경우 그것을 감지하여 판단하고 있다. 그러나 새로 개발된 생명공학 식품이 기존의 식품과 비교하여 성분상의 차이가 없다면 실질적 동등성에 의해 동일하게 취급하고 인체에 안전하다고 볼 수 있다.

2. 식품 안전성 평가 원칙 및 방법

식품 안전성 검사는 예방적 원칙(precautionary principle)과 실질적 동등성의 원칙(substantial equivalence), 친화성의 원칙(familiarity principle) 등 세계 공통의 기본적 사고에 근거하여 실행되고 있다.

예방적 원칙은 말 그대로 안전성이 의심되는 경우 예방적 차원에서 폐기

시키는 것을 말한다. 브라질너트의 폐기가 좋은 본보기이다. 식품 그 자체의 안전성에 대한 기존의 인식은 오랫동안 섭취해 온 경험을 근거한 것으로, 과학적으로 안전성을 검정하여 식품으로 채택한 적은 없다. 그러나 식품에 함유된 성분 하나 하나를 보면 인체에 유해한 것도 적지 않아 고혈압, 알레르기, 내분비 장애 등과 관련이 있다. 그래서 절대적으로 안전한 식품을 정의하기란 매우 어렵다. 소비자는 식품을 선택할 때 목적과 가치관에 따라 위험성이 적은 식품을 선택하거나 잠재적인 위험성을 감수하는 방식을 취하게 된다. 이러한 상대적인 선택 행위는 정확한 정보와 경험을 토대로 하며, 위험 발생 확률을 매우 중요하게 생각한다.

친화성의 원칙은 생명공학 작물을 포장에서 재배할 때 일반 작물을 재배할 때처럼 적절한 안전 조치를 취하면서 단계적으로 재배하는 것을 말한다.

그러나 생명공학 식품의 경우 이를 섭취해 본 경험이 없고, 안전성에 대한 경험적 보증도 여의치 않다. 또한 과학적 평가 방법에 있어서도 지금까지 식품 그 자체의 안전성 평가를 실시한 적이 없어, 잠재적인 위험을 종류별로 평가하는 도구나 방법이 한정되어 있고 허용 범위의 결정 기준이 모호하며, 더욱이 위험 발생의 확률을 평가하기란 여간 어려운 것이 아니다. 따라서 실질적 동등성의 원칙은 생명공학 식품의 안전성을 검사할 때 이식 유전자의 특성을 알고 원래의 식품과 비교해 그 정도로 안전한가를 과학적으로 판단하는 것을 말한다. 그림 5-5에 생명공학 작물의 식품 안전성 평가 흐름도를 제시 하였다.

안전성을 평가할 때에는 유전자를 이식받은 생물과 유전자를 운반하는 운반체, 유용 유전자를 제공한 생물에 대해 그 구조나 성질을 상세히 알아야 한다. 이 과정에서 기존에 알려져 있는 독성이나 영양 저해 인자, 알레르기 유발 물질 등이 유전자를 준 생물이나 유전자를 받은 생물에 존재하

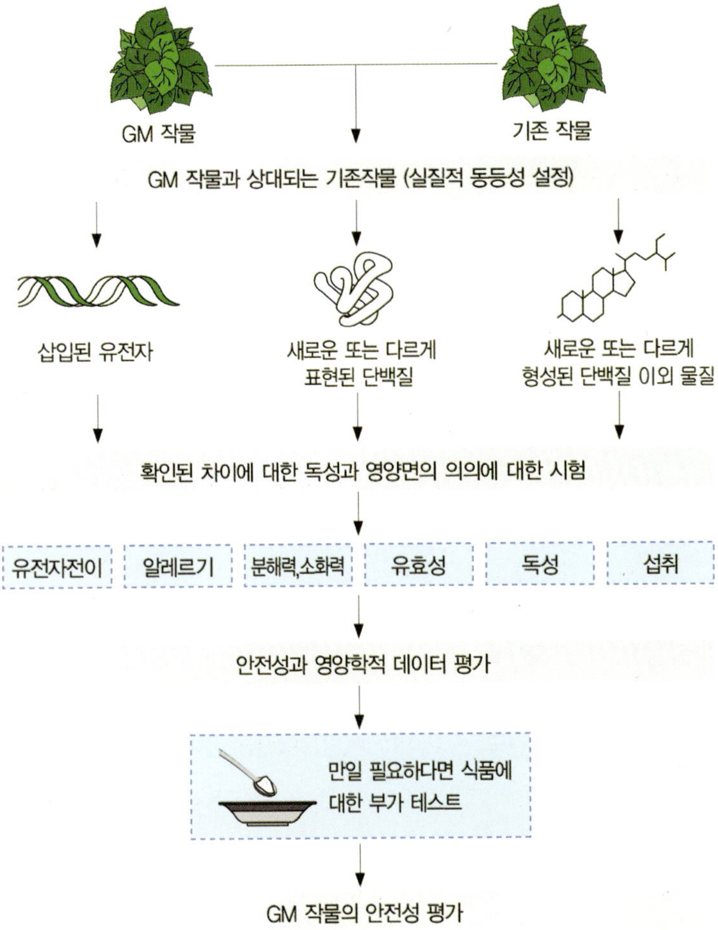

그림 5-5. 생명공학 작물의 식품 안전성 평가 흐름도

는지 확인하여 안전성에 문제가 발생할 가능성과 의도하지 않은 영향이 발생할 가능성을 판단하게 된다. 유용 유전자 안전성 검사는 유전자의 염기서열을 밝혀 기존에 알려진 유해 염기 배열이 없다는 것을 확인할 때 문제가 없다고 판단한다. 또한 수대에 걸친 재배 시험의 결과 이식되는 유전자의 구조와 발현이 안정적인지 그 여부를 확인하여 새로운 문제가 일어날

가능성을 확인한다. 유용 유전자에 의해 만들어지는 단백질이 기존에 알려진 독성 물질, 영양 저해 인자, 알레르기 유발 물질 등과 구조적으로 비슷한 점이 없는지를 확인하고, 조리와 가공 과정에서 가열 처리나 인공 위액 및 인공 장액에서 신속히 분해되어 독성 물질이나 알레르기 유발 물질로 작용할 가능성이 없는지도 확인하여야 한다.

식품 알레르기란 대부분의 사람들에게는 문제가 없는 성분이 일부의 사람들에게 비정상적인 면역 반응을 일으키는 것을 말한다. 식품 알레르기는 특정인 그리고 그 사람의 생애 특정 시기에 일어나는 경우가 많으며, 그 이유는 아직 규명하지 못하고 있다. 또한 견과류나 해산물에 의한 식품 알레르기는 지속적이면서 전 생애에 걸쳐 일어날 수 있다는 사실에 대해서도 그 이유가 불분명하다. 우유류, 알류, 콩, 밀 등은 어린아이에게 주된 알레르기 식품인 반면, 견과류, 땅콩류, 조개류 및 어류는 성인에게 알레르기를 일으키는 식품으로 알려져 있으며 그 원인은 역시 아직 밝혀져 있지 않다. 일반적으로 전체 인구의 0.3~0.7%가 식품 알레르기를 가지고 있는 것으로 알려져 있으며, 그 빈도는 나이가 어릴수록 높아진다. 실제로 땅콩이 일으키는 알레르기 때문에 미국의 어린이 70여 명이 매년 사망한다는 보도가 있었다. 그만큼 식품 알레르기가 흔하다는 말이다.

이런 이유로 생명공학 작물을 식품으로 이용하기 앞서 알레르기 유발 가능성을 예측 또는 평가할 필요가 있다. 생명과학자들은 이용하고자 하는 유전자가 생산하는 단백질을 유전자 탐색과 개발 과정에서 이미 알려진 알레르기 단백질과 아미노산 서열을 비교한다. 이들 간의 아미노산 서열이 8개 이상 연속적으로 동일하거나 80개 아미노산 중 35% 이상 상동성이 인지되면 해당 단백질은 알레르기를 일으킬 가능성이 있다고 판정하고 개발을 중단한다.

앞에서 예로 든 바와 같이, 실제로 사료용 콩의 영양가를 높이기 위하여

그림 5-6. 주요 알레르기 유발 식품 및 요인

표 5-1. 알레르기 유발 주요 식품 10종

연구자	식품 종류
김규언	달걀, 돼지고기, 복숭아, 고등어, 닭고기, 우유, 메밀, 게, 밀, 토마토
Eyermann	밀, 달걀, 우유, 콩류, 감자, 생선, 양파, 토마토, 오이, 맥주
Freinberg	달걀, 밀, 우유, 콩류, 견과류, 생선, 양파, 감자, 초콜릿, 과일
Randolph	옥수수, 밀, 우유, 달걀, 감자, 오렌지, 콩류, 소고기, 토마토, 커피
Solari	우유, 밀, 달걀, 쌀, 토마토, 초콜릿, 소고기, 딸기, 오렌지 류, 닭고기
Speer	우유, 초콜릿, 옥수수, 오렌지 류, 달걀, 콩류, 토마토, 밀, 사과, 계피

자료 : 소아 알레르기 및 호흡기 학회지 5: 96-106 (1995)
Mygind N. (1986). Essential allergy: an illustrated text for students and specialists. pp145. Blachwell Scientific Pub.

브라질너트[9]의 유전자를 이식하였을 때, 개발 단계에서 브라질너트가 원래 가지고 있던 알레르기원이 생명공학 콩에서도 나타나는 것이 확인되어

9) 아마존 강 유역에서 나는 매우 크고 높은 나무의 열매로서 껍질이 단단하고 지방이 많아 과자 따위를 만드는 데 사용

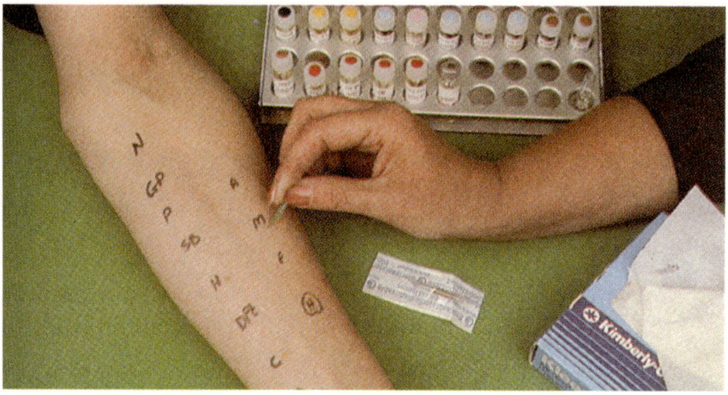

그림 5-7. 알레르기 반응 검사

개발이 중단된 적이 있는 것처럼, 이러한 평가 절차는 실제로 널리 시행되고 있다.

항생제 내성 문제는 생명공학 작물을 개발하는 과정에서 항생제 내성 유전자를 선발 유전자로 이용하기 때문에 제기된다. 식품 중의 항생제 내성 유전자가 장내 세균으로 옮겨 가 항생 물질에 내성이 생길 가능성은 생명공학 식품의 안전성 평가 논의 초기 단계에서 제기되었다. 그러나 실제로 이런 일이 일어날 가능성은 매우 희박하다.

콩의 경우 유전자 즉 DNA는 콩 100g당 200mg 정도 함유되어 있고, 도입 유전자는 그 유전자의 1천만 분의 일 정도이다. 항생제 저항성 유전자나 이것에서 합성된 단백질은 인간이 섭취한다 하더라도 소화 효소와 산성 위액에 의해 단일 염기와 아미노산으로 분해 되어 영양분 이상의 유전적 기능을 갖지 못한다.

또한 식품의 유전자가 미생물로 이동한다는 증거는 아직까지 발견되지 않았다. 만약 미생물로 유전자가 옮겨 가도 그 유전자가 그리 쉽게 살아남으리라고 생각하기 힘들다. 미생물은 자기 유전자 보호 장치를 갖고 있어 외부로부터 들어온 유전자를 분해하고 소멸시킨다. 우리가 만년이 넘게 쌀을 주식으로 하지만 쌀 유전자가 사람 세포 혹은 대장균으로 옮겨 갔다는 보고는 아직 없는 것과 같다.

안전성 평가 초기에는 항생제 내성 유전자가 이식된 생명공학 식품이 장내 세균에 영향을 미쳐 알레르기성이 증가할 가능성이 있는지에 대한 검토도 이루어졌다. 그러나 앞에서 설명한 바와 같이 식품으로 섭취한 유전자가 장내 미생물로 전이될 가능성은 거의 없고, 알레르기 반응을 증가시킬 직접적인 영향력도 없다는 데 의견이 모이고 있다.

최근에는 이러한 우려를 덜기 위해 항생제 내성 유전자 대신 안전한 다른 마커를 이용하거나 아예 마커가 없는 생명공학 작물 개발을 연구하고 있다. 부득이 항생제 내성 유전자를 사용할 경우에는 임상학적으로 더 이상 중요하지 않은 내성 유전자를 쓰도록 하였고, 이러한 선발 유전자의 개발 연구는 현재도 이루어지고 있다.

독성 검사를 실시할 때에는 식품의 이식 유전자가 생산하는 단백질을 1회 섭취량 기준으로 최소한 1,000배 이상 대량으로 투여하여 그 영향을 살핀다. 해충 저항성 옥수수 경우 생쥐 체중 1kg 당 3,283mg의 해충 저항성 단백질을 14일간 구강 주입하여 검사한다. 이는 체중 100kg인 동물(돼지 한 마리의 체중은 평균 90kg이다)에 한번에 6.5톤의 해충 저항성 옥수수를 먹인 것과 같다. 또한 어린 닭을 대상으로 42일간 투여하여 영양 평가를 실시한다. 이 기간 동안 닭은 체중이 약 6~7배 증가하게 된다.

유전자 이식으로 성분에 의도하지 않은 변화가 일어날 가능성에 대해서는 성분 분석을 통해 원칙적으로 성분에 유의차가 있는지 확인하고 안전성에 영향을 미치지 않는 타당한 이유를 밝혀내야 한다. 이식 유전자가 만드는 단백질이 식물의 대사계에 작용하여 의도하지 않은 유해 물질을 만들어낼 가능성 여부는 그 단백질의 기능을 보고 판단하며, 유전자가 이식된 주변의 유전자 서열을 명확히 확인함으로써 부가적인 가능성 유무를 판단한다.

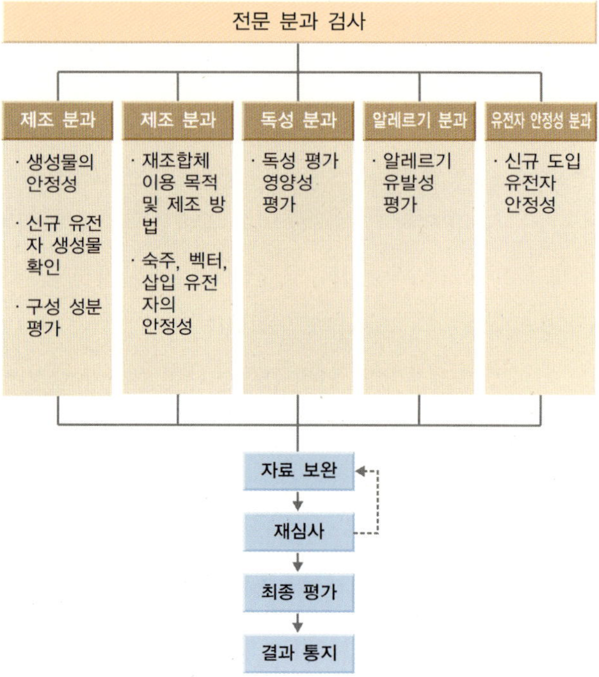

그림 5-8. 식품 안전성 검사 흐름도

이와 같이 위해한 영향을 일으킬 수 있는 유전자 재조합체의 특성을 규명하고, 각각에 대한 잠재적 위험성을 평가하며, 그 위험이 일어날 가능성까지를 다각도에서 종합적으로 평가한다.

3. 우리나라에서 생명공학 식품의 안전성 심사 실례

우리나라에서 최초로 식품안전성 심사가 완료된 것은 2002년 제초제 Glyphosate의 영향을 받지 않고 생육이 가능하도록 개발된 제초제 내성 콩(Roundup Ready Soybean®)이었다. Glyphosate는 미국 몬산토가 개발한 것으로 상품명은 라운드업(Roundup®)이고 일반명은 N-phosphonomethylglycine이며 우리나라의 경우 12개 농약 회사에서 제조 판매되고 있다.

2008년 12월까지 식품의약품안전청에서 안전성을 확인한 생명공학 식품은 제초제 내성 콩 Roundup Ready Soybean 1종, 해충 저항성 옥수수 MON810(몬산토)를 포함한 옥수수 28종, 제초제 내성 면화 MON1445/1698(몬산토)를 포함한 면화 13종, 제초제 내성 카놀라 MS1/RF1(바이엘크롭사이언스)를 포함한 카놀라 6종, 콜로라도 감자벌레 및 감자바이러스 Y 저항성 감자 RBMT21-129를 포함한 감자 4종, 제초제 내성 사탕무 H7-1(몬산토) 1종, 제초제 내성 알팔파 J101/J163(몬산토) 1종을 포함하여 총 7작물 54종의 작물이 안전성 심사를 마쳤다. 자세한 내역은 표 5-2와 같다. 이들을 특성 별로 보면 제초제 내성이 17종, 해충 저항성이 10종 제초제와 해충 저항성 2가지 특성을 모두 가진 것이 25종, 해

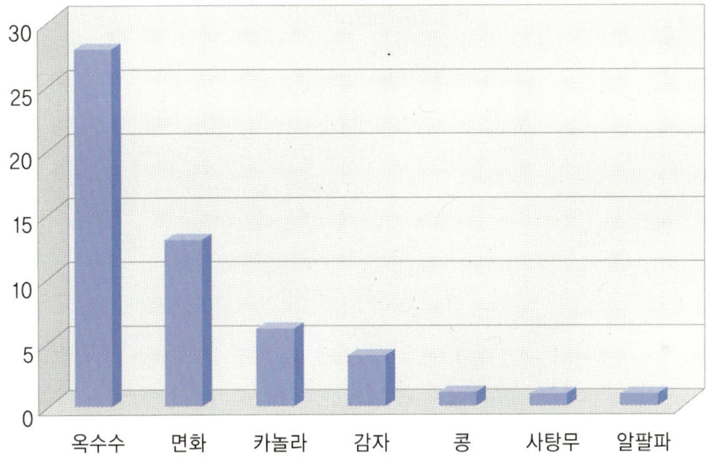

그림 5-9. 국내에서 생명공학 작물별 등록 현황

표 5-2. 식품의약품안전청 심사를 거쳐 식용이 허가된 작물 목록 (2008년 12월)

번호	작물	제품명	특성	삽입 유전자	신청자*
1	콩	RRS40-3-2	제초제 내성(Glyphosate)	cp4 epsps	몬산토
2	옥수수	MON810	해충 저항성(Corn Borer)	cryIAb	몬산토
3	옥수수	TC1507	제초제 내성(Glufosinate) 및 해충 저항성(ECB, Hubner, SWCB,BCW)	cry1F, pat	듀폰
4	옥수수	GA21	제초제 내성(Glyphosate)	m-EPSPS	몬산토
5	옥수수	NK603	제초제 내성(Glyphosate)	cp4 epsps	몬산토
6	옥수수	Bt11	제초제 내성(Glufosinate) 및 해충 저항성(Corn Rootworm)	cry1Ab, pat	몬산토
7	옥수수	T25	제초제 내성(Glufosinate)	pat	아벤티스
8	옥수수	MON863	해충 저항성(Corn Rootworm)	cry3Bb1, npt II	몬산토
9	옥수수	Bt176	해충 저항성(Corn Borer)	cry1Ab, bar	신젠타
10	옥수수	DLL25	제초제 내성(Glufosinate)	cryIAb	몬산토
11	옥수수	DBT418	제초제 내성(Glufosinate) 및 해충 저항성(Corn Borer)	bar, cry1Ac	몬산토
12	옥수수	MON863×NK603	후대 교배종(해충 저항성 (Cotton Bollworm) 및 제초제 내성(Glyphosate))	cry3Bb1/cp4epsps	몬산토
13	옥수수	MON863×MON810	후대 교배종(해충 저항성 (Corn Rootworm/ Corn Borer))	cry3Bb1, cry1Ab	몬산토
14	옥수수	MON810×GA21	후대 교배종(해충 저항성 (Cotton Bollworm) 및 제초제 내성(Glyphosate))	cry1Ab/mepsps	몬산토
15	옥수수	MON810×NK603	후대 교배종(해충 저항성(Corn Borer) 및 제초제 내성(Glyphosate))	cry1Ab/cp4epsps	몬산토
16	옥수수	1507×NK603	후대 교배종(해충 저항성(ECB, Hubner, SWCB,BCW) 및 제초제 내성 (Glyphosate/Glufosinate))	cry1F/pat, cp4epsps	몬산토
17	옥수수	MON810×MON863×NK603	후대 교배종(해충 저항성 (Corn Rootworm/Corn Borer) 및 제초제 내성(Glyphosate))	cry1Ab, cry3Bb1/cp4epsps	몬산토
18	옥수수	DAS-59122-7	제초제 내성(Glufosinate)	cry34Ab1 and cry35Ab1, pat	듀폰
19	옥수수	MON88017	제초제 내성(Glufosinate) 및 해충 저항성(Corn Rootworm)	cry3Bb1/cp4epsps	몬산토

번호	작물	제품명	특성	삽입 유전자	신청자*
20	옥수수	Bt10	해충 저항성(Corn borer) 및 제초제 내성(Glufosinate)	cry1Ab, pat	신젠타
21	옥수수	MIR604	해충 저항성(Corn Rootworm)	mcry3A, pmi	신젠타
22	옥수수	Das-59122-7×1507×NK603	후대 교배종(해충 저항성(ECB, Hubner, SWCB,BCW) 및 제초제 내성 (Glyphosate/Glufosinate))	cry34Ab1, cry35Ab1, cry1F/pat, cp4epsps	듀폰
23	옥수수	1507×Das-59122-7	후대 교배종(해충 저항성(ECB, Hubner, SWCB,BCW) 및 제초제 내성 (Glyphosate/Glufosinate))	cry1F, cry34Ab1, cry35Ab1/pat	듀폰
24	옥수수	Das-59122-7×NK603	제초제 내성 (Glufosinate) 및 해충 저항성 (Corn Rootworm)	cry34Ab1, cry35Ab1, cry1F/pat, cp4epsps	듀폰
25	옥수수	Bt11×GA21	후대 교배종(해충 저항성 (Corn Rootworm) 및 제초제 내성 (Glyphosate/Glufosinate))	cry1Ab/pat, mepsps	신젠타
26	옥수수	MON88017×MON810	후대 교배종(해충 저항성 (Corn Rootworm/Corn Borer) 및 제초제 내성(Glyphosate))	cry3Bb1, cry1Ab /cp4epsps	몬산토
276	옥수수	Bt11×MIR604	후대 교배종(해충 저항성 (Corn Rootworm) 및 제초제 내성 (Glufosinate))	cry1Ab, mcry3A/pat	신젠타
28	옥수수	Bt11×MIR604×GA21	후대 교배종(해충 저항성 (Corn Rootworm) 및 제초제 내성 (Glyphosate/Glufosinate))	cry1Ab, mcry3A, mepsps	신젠타
29	옥수수	MIR604×GA21	후대 교배종(해충 저항성 (Corn Rootworm) 및 제초제 내성 (Glyphosate))	mcry3A/ mepsps	신젠타
30	면화	531	해충 저항성(Cotton Bollworm)	cry1Ac,npt II	몬산토
31	면화	757	해충 저항성(Cotton Bollworm)	cry1Ac,npt II	몬산토
32	면화	1445	제초제 내성(Glyphosate)	cp4 epsps, npt II	몬산토
33	면화	15985	해충 저항성(Cotton Bollworm)	cry1Ac/ cry2Ab, uidA	몬산토

번호	작물	제품명	특성	삽입 유전자	신청자*
34	면화	281/3006	제초제 내성(Glufosinate) 및 해충 저항성(Corn Rootworm)	cry1F, cry1Ac, pat	다우아그로
35	면화	15985×1445	제초제 내성(Glufosinate) 및 해충 저항성(Corn Rootworm)	CP4 EPSPS	몬산토
36	면화	531×1445	후대 교배종(해충 저항성 (Cotton Bollworm) 및 제초제 내성(Glyphosate))	cry1ac/ cp4epsps	몬산토
37	면화	LLcotton 25	제초제 내성(Glufosinate)	bar	바이엘
38	면화	MON88913	제초제 내성(Glyphosate)	cp4 epsps	몬산토
39	면화	Bollgard II 15985× MON88913	후대 교배종(해충 저항성 (Cotton Bollworm) 및 제초제 내성(Glyphosate))	cry2Ab/ cp4epsps	몬산토
40	면화	BG2×LL	후대 교배종(해충 저항성 (Cotton Bollworm) 및 제초제 내성(glufosinate))	cry2Ab/bar	바이엘
41	면화	281/3006× 88913	후대 교배종(해충 저항성 (Corn Rootworm) 및 제초제 내성 (Glyphosate/Glufosinate))	cry1Ac, cry1F/ pat, cp4epsps	다우아그로
42	면화	281/3006× 1445	후대 교배종(해충 저항성 (Corn Rootworm) 및 제초제 내성(Glyphosate))	cry1Ac, cry1F /pat, cp4epsps	다우아그로
43	카놀라	GT73	제초제 내성(Glyphosate)	cp4 epsps, gox	몬산토
44	카놀라	MS8/RF3	제초제 내성(Glufosinate)	bar, barnase barstar	바이엘
45	카놀라	T45	제초제 내성(Glufosinate)	pat	바이엘
46	카놀라	MS1/RF1	제초제 내성(Glufosinate)	bar, barnase barstar, neo	바이엘
47	카놀라	MS1/RF2	제초제 내성(Glufosinate)	bar, barnase barstar, neo	바이엘
48	카놀라	Topas 19/2	제초제 내성(Glufosinate)	pat, neo	바이엘
49	감자	SPBT02-05	콜로라도 감자벌레 저항성	cry3A, neo	몬산토
50	감자	RBBT06	콜로라도 감자벌레 저항성	cry3A, npt II	몬산토
51	감자	RBMT15-101, SEMT15-02, SEMT15-15	콜로라도 감자벌레 및 감자바이러스 Y 저항성	cry3A,npt II, PVYcp	몬산토

번호	작물	제품명	특성	삽입 유전자	신청자*
52	감자	RBMT21-129, RBMT21-350, RBMT22-82	콜로라도 감자벌레 및 감자바이러스 Y 저항성	cry3a, PLRVrep, npt II, cp4 epsps	몬산토
53	사탕무	H7-1	제초제 내성(Glyphosate)	cp4 epsps	몬산토
54	알팔파	J101/J163	제초제 내성(Glufosinate)	cp4 epsps	몬산토

자료 : 식품의약품안전청 http://gmo.kfda.go.kr/
*다우아그로, 다우아그로사이언시스 인터내쇼널리미티드; 신젠타, 신젠타 종묘(주); 몬산토, 몬산토코리아(주); 듀폰, 유한회사 듀폰; 바이엘, 바이엘크롭사이언스(주)

충 및 바이러스 저항성 2종이다. 옥수수와 면화의 경우 특성이 다른 생명공학 작물끼리 교배하여 얻은 후대 교배종(stack)이 단일 특성을 가진 경우보다 많아지는 추세에 있으며 이들 기술의 보편적인 확산이 이루어지고 있다.

가. 실질적 동등성 판단

RRS 콩의 경우 이 생명공학 콩이 기존의 것과 실질적으로 동등한지 유전적 소재에 관한 자료, 광범위한 식경험에 관한 자료, 식품의 구성 성분 등에 관한 자료 및 섭취 방법의 차이에 관한 자료에 의해 판단하였다. 먼저 유전적 소재에 관련하여 숙주는 콩(Glycine max L. cv. A5403종)이며, 유전자 공여체로서 제초제 내성 유전자는 토양 미생물인 Agrobacterium sp. CP4 균주에 유래하고, 선발을 위한 NPTII 유전자는 E. coli에서 유래했다. 광범위한 식경험에 관해서는 콩은 오랫동안 식용으로 이용된 역사가 있으며, 또한 Agrobacterium sp. CP4 균주는 의도적으로 식용으로 이용된 예는 없으나, 이 균에 감염된 농산물을 섭취해 온 경험으로부터 안전성에 문제가 없는 것으로 판단되고 있다. 또한 CP4 EPSPS 단백질은 발현량이 식용으로 이용되는 종자 생조직 1mg당 0.239(0.179~0.303)㎍이며, NPTII 단백질은 이미 안전성이 입증되어 미국에서는 GRAS(Generally

Recognized as Safe)로 등재되어 있다. 식품 구성 성분 등에 관해서는 대두의 주요 영양 성분(단백질, 아미노산, 회분, 지방, 섬유질, 탄수화물, 지방산, 아미노산, 열량 등)과 영양 억제 성분(트립신 효소 저해 물질, lectin류, phytosterol, stachyose, raffinose, phytate 등)의 분석 결과, glyphosate 살포 여부에 관계없이 기존의 대두와 차이가 없었고, 기존 종과 신품종의 섭취 방법(사용 방법)도 차이가 없었다. 이러한 사실로부터 제초제 내성 콩은 기존의 콩과 동등성이 있다고 판단하여 기존의 콩을 기준으로 안전성 평가 자료에 따른 안전성 심사 확인을 하였다.

나. 형질 전환체 개발 목적과 이용 방법

형질 전환체의 안전성 평가는 먼저 형질 전환체의 개발 목적 및 이용 방법을 검토하여 그 타당성부터 확인한다. 제초제 내성 콩은 glyphosate에 영향 받지 않는 CP4 EPSPS 단백질을 발현하는 유전자가 도입되어 있기 때문에 재배 기간 중에 glyphosate 사용이 가능하다. 따라서 일반 콩은 잡초 제거를 위해 선택적인 제초제를 여러 종류를 처리하여야 하지만, 제초제 내성 콩은 glyphosate 계통만을 원하는 시기에 처리할 수 있으므로 제초 및 재배의 생력화(노동력 등의 절약)와 제초제의 잔류 농도 확인 및 절감이 용이할 것으로 기대하여 개발되었다.

다. 숙주에 관한 사항

숙주에 대한 안전성을 보면 콩(*Glycine max L.*)은 콩과 식물로 식품으로서 트립신 효소 저해물질, lectin류, phytosterol, stachyose, raffinose, phytate 등의 유해 생리 활성 물질이 생성되는 것이 알려져 있으며, 우유, 계란 등과 더불어 알레르기 유발이 가능한 것으로 잘 알려진 식품이나, 지금까지 안전한 것으로 간주되어 다양한 형태의 식품으로 이용되어 왔다.

라. 벡터에 관한 사항

벡터에 대한 사항으로는 RRS 콩 개발에는 plasmid PV-GMGT04이 이용되고, CaMV 35S enhancer 부분을 포함한 promoter, EPSPS 단백질을 엽록체로 이동시키는 transit signal peptide를 발현시키기 위한 페튜니아의 CTP 유전자 일부, *Agrobacterium tumefaciens*의 nopaline 합성 효소 유전자의 terminator 및 *Agrobacterium* sp. CP4에 유래하는 CP4 EPSPS 유전자가 재조합되어, DNA의 크기는 10,511bp이며, 제한 효소에 의한 절단 지도와 유전자 서열이 제시되고 있으며 유해 염기 배열 등을 포함하지 않고 전달성도 없어 식물세포 중에서 자립 증식하지 않는다.

마. 이식 유전자와 그 산물에 관한 사항

이식 DNA 관련하여 도입된 CP4-EPSPS 유전자는 *Agrobacterium* sp. strain CP4에서 유래하는데 *Agrobacterium*은 토양 미생물로서 식물 병원균이 많이 포함되지만 인간에 대한 병이나 독소는 보고 된 바 없다. 유전자 카세트의 숙주 도입에는 입자 총법이 이용되고 있다. 이식된 부위에는 독성이나 알레르겐 데이터베이스에 보고 되어 있는 유해 염기 배열은 포함되어 있지 않았다. 이식 유전자의 안정성(유전자 재조합체 내에서의 변화 포함)은 교잡 실험의 F2 분리비가 3:1로 나타나, 한 개의 핵 내 우성 유전자의 지배를 받는 것을 의미하며, DNA 분석으로 4세대에 걸쳐 유전자가 보유되고 있음이 확인되었다. 그러므로 이식 유전자는 멘델의 법칙에 따라 단일 유전자로서 후대에 안정적으로 유전하고 있음을 보이고 있다. 유전자 재조합체 내에서의 복제 수는 유전학적 분리비에서 볼 때 하나의 유전자 자리(locus)를 차지하고 있다. 유전자 재조합체 내에서의 변화 등에 대한 고찰을 위한 유전자 발현 부위, 발현 시기, 발현량 조사 결과는 지역 간 및 지역 내 변이가 있으나, 잎에서는 0.046~0.798㎍/mg 생체 중량, 종자에서는 0.179~0.395μg/mg 생체 중량이었다. 그 밖에 외래 전이 해독 프레임(open reading frame)의 유무와 그 전사 및 발현 가능성은 이식 유전자의 염기 배열 자료로 보아 CP4-EPSPS 유전자를 제외한 다른 ORF의 발생 가능성은 없었다.

바. 형질 전환체에 관한 사항

형질 전환체에 관해서는 재조합 조작에 의해 새로이 부과된 성질은 EPSPS 단백질의 발현에 의해 제초제 glyphosate에 내성을 갖는 점뿐이다. 한편 동물 실험에서 별도의 독성 소견 없었으며, 유전자 산물이 대사 경로에 영향을 미칠 경우 1차적으로 대사에 관여하는 효소의 변화가 일어날 것이 예상되나 제출된 자료로 보아 유의적인 변화가 일어난 것으로는 보이지 않았으며, 숙주와의 차이(영양 성분 · 영양 억제 인자에 관한 자료 및 함유량의 변동에 의한 유해성이 나타나는 성분 변동에 관한 자료)와 관련하여 제초제 내성 콩의 영양 성분 및 항영양 성분에 대한 광범위한 실험 결과, 숙주와 유의적인 차이는 없었다.

알레르기성 면에서는 RRS에 이식된 유전자 CP4-EPSPS의 산물이 함유된 식품은 외국에서 허가되어 식용되어 온 역사가 비교적 짧으나, 현재까지는 이식된 유전자 산물이 알레르겐으로 작용한다는 보고는 없으며, 유전자 산물의 물리화학적 처리에 대한 감수성에 관한 자료에서 CP4-EPSPS는 열처리를 할 경우 효소 활성을 쉽게 잃는다. 시험관 내에서 소화액에 쉽게 분해되었으며, 물리화학적 처리에 대한 감수성이 매우 높았다. 또한 유전자 산물 중 이미 알려져 있는 식품 알레르겐과 구조적으로 같은 성질에 관한 자료로서 1999년까지 이미 알려져 있는 알레르겐과의 구조적 상동에 관한 조사 결과로 상동성은 보고되지 않았다.

유전자 산물이 1일 단백 섭취량의 유의한 양을 차지하고 있는지에 관해서는 다음과 같다. CP4-EPSPS 단백질은 콩 100g당 약 0.02g이 발현되고 있을 뿐으로, 우리나라 '95 국민 영양 조사 결과 보고서('97. 3)에 따르면 1일 대두 섭취량이 지역에 따라 3.2~4.6g으로 차이는 있으나 평균 3.6g으로 보고 되고 있다. 또한 그 가공품인 두부, 두유, 두유 음료 및 기타 식품의 평균 섭취량은 29.3g(콩 환산 시 5g) 이하이고, 콩 총 섭취량은 8.6g 이하이지만, 이들을 가공하지 않아 CP4-EPSPS 단백질의 분해는 전혀 없다고 했을 때, 이 단백질의 섭취량은 약 2mg으로 추정된다. 이는 우리나라 사람의 1일 단백질 섭취량인 73.3g의 0.0027%에 해당되며 CP4-EPSPS는 물리화학적 변화에 민감하여 쉽게 분해, 변화되는 특성을 갖고 있다. 즉 1인 1일 예상 섭취량을 다른 식품 알레르겐과 비교 시 우유의 베타-락토글로블린(β-lactoglobulin)의 260mg보다 훨씬 낮고(약 0.58%에 해당됨) 물리화학적 감수성도 높아 이러한 특성을 고려했을 때 CP4 EPSPS이 알레르기를 유발한다고는 생각하기 어렵다. 또한 콩 알레르기 환자의 혈청 및 땅콩 알레르기 환자의 혈청을 면역학적으로 조사한 결과 양자 간에 차이가 없었다. 이들 결과로부터 제초제 내성 콩의 추가적인 알레르기 유발 성분도 문제되지 않는 것으로 판단되었다.

구성 성분에 관한 자료로서 제초제 내성 콩(fresh seeds)의 단백질, 지방, 섬유질, 회분, 탄수화물 등 주요 성분 영양소 함량과 기존 콩의 성분 함량을 2년 동안 비교하였을 때, 결과는 다르지 않았다. 아미노산 조성이나 지방산 함량에서 팔미틴산, 스테아린산, 올레인산 리놀렌산, 리놀레닌산과 같은 주요 지방산 함량에는 차이가 없었다. 다만 콩에 매우 적게(《0.6%) 들어있는 C22:0 지방산만이 통계적으로 유의할 만한 차이가 나타났으나 일반적으로 문헌상 나타나 있는 콩 성분 분석 결과의 편차 범위는 벗어나지 않아 생물학적으로 유의한 차이는 없다. 한편 내재성 독소로서 렉틴, 이소플라빈, 스타키오스/라피노스, 피틴산, 트립신 억제제 등은 제초제 내성 콩

표 5-3. 식품 안전성 평가 항목

1. 심사 신청된 식품의 개요 2. 식품으로의 적합성 검토 3. 유전자 재조합체의 안전성 가. 유전자 재조합체의 개발 목적 및 이용 방법에 관한 자료 나. 숙주에 관한 자료 (1) 분류학적 특성(일반명, 학명, 계통 분류 등) (2) 재배 및 품종 개량의 역사 (3) 기지의 독성 또는 알레르기 유발성 (4) 안전한 식경험의 유무 다. 공여체에 관한 자료 (1) 분류학적 특성(일반명, 학명, 계통 분류 등) (2) 안전한 식경험의 유무 (3) 공여체 및 근연종의 독성, 항영양성, 알레르기성(미생물의 경우 병원성 및 기지의 병원체와의 관련성) 라. 유전자 재조합에 대한 자료 (1) 형질 전환에 관한 정보 (가) 형질 전환 방법(아그로박테리움법, 입자 총법, 원형질체법 등) (나) 재조합에 사용된 벡터에 대한 정보 1) 기원 2) 숙주에서의 확인 3) 숙주에서의 기능 (다) 중간 숙주에 대한 정보 (라) 전달성에 관한 정보 (2) 도입 유전자에 대한 정보 (가) 구성 유전자의 특성 1) 선발 표지 유전자 2) 조절 인자 3) DNA의 기능에 영향을 주는 기타 인자 (나) 크기 및 명칭 (다) 완성된 벡터 내의 유전자 염기 서열의 위치 및 방향성 (라) 구성 유전자의 기능 (마) 유해 염기 서열의 유무 (바) 외래 전사 해독 프레임의 유무와 그 전사 및 발현 가능성 (사) 목적하는 유전자 이외의 염기 서열의 혼입(유전자의 순도) 마. 유전자 재조합체의 특성에 관한 자료 (1) 유전자 재조합체 내 도입된 유전자에 관한 정보 (가) 유전자 재조합체의 게놈에 삽입된 유전자의 특성 및 기능 (나) 삽입 부위의 수

(다) 각 삽입 부위의 삽입 유전자의 구성
1) 복제수, 염기 서열(주변 염기 서열 포함)
2) 기지의 독성이나 항영양소를 암호화하는 유전자가 없음을 입증하는 자료
(라) 삽입 유전자 및 인접하는 숙주 게놈 유전자의 외래 전사 해독 프레임의 유무와 그 전사 및 발현 가능성
(마) 안정성에 관한 사항
1) 복수 세대에서 삽입된 유전자의 서열, 크기
2) 복수 세대에서 발현 부위, 발현 시기, 발현량
(2) 유전자 산물에 관한 정보
(가) 유전자 산물의 화학적 성질(단백질이나 전사되지 않은 RNA)
(나) 유전자 산물의 기능
(다) 발현 단백질의 아미노산 서열의 번역 후 변이 유무
(라) 발현 단백질의 구조적 변화 여부
(마) 새로운 특성의 표현형
(바) 유전자 산물의 발현 부위 및 발현량
(3) 독성
(가) 생산물이 단백질인 경우
1) 안전한 식경험의 유무
2) 기지의 독성 및 항영양소와의 아미노산 서열 유사성
3) 유전자 산물의 물리화학적 처리에 대한 감수성
4) 안전한 식경험이 없는 단백질인 경우 경구 독성 실험 및 그 단백질을 가지고 있는 것으로 알려진 식물에서 그 단백질의 생물학적 기능
(4) 알레르기성
(가) 유전자 산물이 알레르겐으로 알려지고 있는가에 관한 자료
(나) 유전자 산물의 물리화학적 처리에 대한 감수성(대체 산물의 경우 유전자 산물의 생화학적, 구조적, 기능적 동질성에 관한 자료 포함)
(다) 유전자 산물 중 이미 알려져 있는 알레르겐과 상동성에 관한 자료
(라) 유전자 산물이 1일 단백 섭취량에서 유의한 양을 차지하고 있는지에 관한자료
(마) (가) 내지 (라)의 자료에 의해 알레르기성을 판단하기 어려울 경우 다음 자료
(5) 숙주와의 차이
(가) 주요 영양 성분
(나) 미량 영양 성분
(다) 내재성 독소
(라) 영양 억제 인자(항영양소)
(마) 알레르기 유발 성분
(바) 삽입된 유전자의 대사 산물
(사) 영양성
(6) 유전자 산물이 대사 경로에 미치는 영향(숙주가 함유한 고유의 성분을 기질로 하여 반응할 가능성)
(7) 외국의 식품 유통 승인 및 식용 등의 이용 현황

과 기존 콩(fresh seeds)의 함량에 유의할 만한 차이가 없었다.

이식된 유전자의 대사산물인 EPSPS 단백질은 기존의 데이타 베이스를 검색하여도 독소나 알레르기 유발 물질의 서열과 일치하거나 유사한 것이 없었다. *E. coli*를 이용해 생산한 CP4-EPSPS 단백질을 정제하여 CP4-EPSPS 단백질 발현 최대량의 1300배에 해당하는 양인 572mg/kg을 쥐에 경구 투여하여도 독성 효과가 나타나지 않았고, 인공 소화액에서 급속히 분해 되므로(위액에서 15초 이내) 소장 점막에서 흡수될 가능성이 매우 적었다. 한편 제초제 내성 콩에서 CP4-EPSPS 단백질의 발현량은 콩 무게의 약 0.02~0.03%이며 전체 콩 단백질의 ≤0.1%에 해당하여 사람이 하루에 섭취하는 단백질의 양에 영향을 주지 못하므로 문제가 될 것으로 보지 않았다.

영양학적 실험 자료로 동물 실험 결과 식이 섭취량, 체중 증가율 등이 제시되었는데, 4주 동안 쥐, 소, 가금류에 제초제 내성 콩 및 기존의 콩(제초제 감수성 콩)을 가열 전과 후의 조건하에 사료로 사용한 결과 가축의 성장에 유의할만한 차이가 없었으며, 동물 급여 시험(흰쥐, 육계, 젖소, 메기, 메추리 이용)의 결과 사료로서의 건전성(wholesomeness)에도 이상이 없었다.

4. 생명공학 작물의 환경 안전성 평가

형질 전환 식물을 장기간 재배할 때 이들이 환경에 미치는 영향을 정확히 평가하여 개발된 형질 전환 품종이 생태계를 교란하는 것을 미리 막아야 한다. 또, 종(種)이 다른 생물 간에 형질 전환 유전자가 옮겨 가 유전자를 오염시킬 가능성이 있는지 검정하고 변종의 출현 가능성이 있는지 확인하여야 한다. 그래서 현재 생명공학 작물의 재배로 인해 생물의 다양성이 변화되는지 정확하고 객관적인 판단을 근거로 하여 환경에 대한 안정성 검사가 철저히 이루어지고 있다.

생명공학 작물을 개발하여 경작함으로써 얻을 수 있는 환경적인 혜택으로는 1) 환경 오염을 유발시키는 화학 농약의 사용을 감소시키면서 농작물의 생산성을 증대시킬 수 있다는 점, 2) 농작물 증산의 결과로 새로운 농경지를 개발할 필요성이 감소되어 자연 생태도가 우수한 미개발 농지 지역을 자연 생태계로 보전할 수 있다는 점, 3) 에탄올과 바이오디젤과 같이 생명공학 기술을 이용한 환경친화적인 대체 에너지를 경제적으로 생산함으로써 지구 환경 오염을 감소시킬 수 있다는 점 등을 들 수 있다.

반면, 생명공학 작물이 끼칠 수 있는 환경 영향으로는 인위적으로 삽입된 제초제 저항성 유전자가 꽃가루를 통해 다른 종의 잡초로 전이되고 일반 농약으로는 자연 생태계로부터 분리, 제거할 수 없는 슈퍼 잡초로 변이되어, 생태계 전체가 슈퍼 잡초로 뒤덮일 수 있다는 우려가 제기된 바 있다. 또 다른 환경 위해성으로는 생명공학 작물이 일반 작물에 비해 생존력이 강해 미래에는 생명공학 작물만이 살아남을 것이라는 주장도 있었다.

이를 확인하기 위해 영국의 과학자들은 10년간 4가지 생명공학 작물에 대한 실험을 수행해 2001년 학술잡지 네이처에 발표했다. 이들은 제초제 내성과 해충 저항성 유전자가 형질 전환된 감자, 유채, 옥수수, 그리고 사탕수수 등을 12개 지역에 재배해서 새로운 잡초의 출현, 월동성과 생존력을 조사했다. 이 결과, 생명공학 작물과 일반 작물의 차이점을 발견할 수 없었다. 오히려 주변 야생 식물과의 생존 경쟁에서 밀려 4년 후에는 완전히 사라져 버렸다고 보고했다.

해충 저항성 작물은 나비목 곤충의 애벌레만을 선택적으로 죽일 수 있는 생물 농약용 미생물에서 분리한 유전자를 이식시켜 해충으로부터 작물을

제초제 저항성 작물

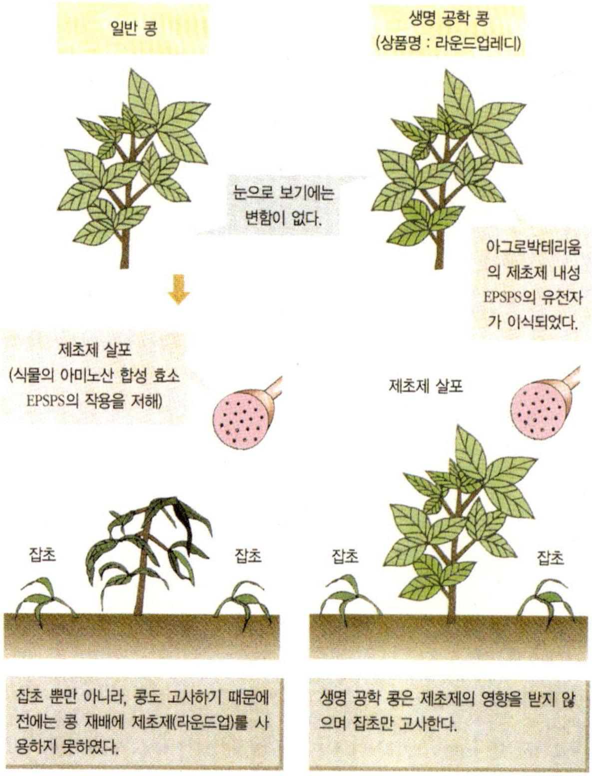

그림 5-10. 제초제 내성 작물의 효과

보호한다. 특정 해충에 저항성을 띄게 한 생명공학 작물이 생태계에 존재하는 무해하거나 이로운 또는 비표적 생물체들에게까지 해를 입혀 생물 다양성을 파괴할 수 있다는 우려도 있었다. 이는 해충 저항성 생명공학 옥수수의 재배 면적이 증가하면서부터 밭 주변에 서식하는 잡초를 먹고 자라는 제왕나비의 애벌레가 엉뚱하게 피해를 입을 수 있다는 논란에서 촉발됐다.

그림 5-11. 해충 저항성 옥수수
농약을 치지 않고도 해충을 방제할 수 있다.

이를 확인하는 최초의 실험 결과를 정밀 조사한 결과, 생명공학 작물에 의해 애벌레가 죽은 것이 아니라 이들이 자라기에 부적합한 실험 환경 때문으로 밝혀졌다.

실제로 2001년 미국과 캐나다의 6개 연구 팀이 대규모 정밀 실험을 실시한 결과 해충 저항성 옥수수 꽃가루에 의해서 제왕나비 애벌레가 해를 입는 경우는 없는 것으로 결론지어졌으며 미국 과학한림원지(Proceedings of National Academy of Science, USA)에 보고 되었다. 즉 생명공학 옥수수 꽃가루의 해충 저항성 유전자 발현이 매우 약하여 단백질의 농도가 매우 낮으므로 제왕나비 애벌레가 위험에 노출될 기회는 거의 없는 것으로 조사되었다. 이들은 옥수수 밭과의 거리, 꽃가루가 날리는 시기와 애벌레가 발육하는 시기의 중복 정도 등을 감안한다면 비의도적 악영향은 거의 없다고 결론지었다. 미국 환경청(EPA)은 이들의 연구 결과를 바탕으로 해충 저항성 옥수수 재배에 의해서 제왕나비의 생육이 저해되는 것은 아니라는 사실을 공식으로 발표하였다(사례 참조).

한편 해충 저항성 생명공학 옥수수만을 재배하게 되면 조명나방 등 해충이 저항성을 획득하게 되고 세대가 거듭될수록 곤충 집단 내 저항성 해충의 밀도가 높아져 결국에는 자연 생태계의 조명나방은 모두 해충 저항성 유전자에 저항성을 지닐 가능성이 있다. 그래서 1996년 미국 환경청(EPA)은 해충 저항성 생명공학 옥수수를 재배할 때는 일정 면적에 전통적인 품종을 심어서 피난처를 만들도록 권고했다. 이를 통해 집단 내 저항성 해충의 증가 속도가 더디도록 했다. 한편 2종류 이상 다른 해충 저항성 유전자를 동시에 이식한 생명공학 작물의 경우 해충이 이러한 저항성을 획득할 가능성은 거의 없는 것으로 알려졌다.

제초제 내성 농작물의 확대 사용이 오히려 제초제의 사용을 증가 시킬 수도 있다는 우려도 있었다. 그러나 지난 10년간 제초제의 사용은 실제로 지역에 따라 14% 이상 감소하였다. 재배 면적이 확대될수록 제초제 사용량의 감소는 가속화될 전망이다.

생명과학자들은 이처럼 여러 연구와 방법을 통해 생명공학 작물의 위해성을 경감시키는 노력과 동시에 생명공학 작물의 위해성을 찾아내기 위해 노력해 왔으며 구체적인 위해성이 입증된 경우는 아직 없다.

생명공학 작물의 안전성 논란은 새로운 과학이나 신기술이 산업화되는 과정에서 사회적 합의점을 찾아가는 자연스러운 과정이다. 따라서 철저한 검증을 거치는 것은 당연하다. 인체와 환경 위해성을 평가해 생명공학 기술의 산물이 가져다주는 이익이 위해보다 크면 자연스럽게 산업화된다.

생명공학 작물에 대한 환경 위해성 평가는 도입된 유전자의 종류 및 형질, 유전자가 도입된 생물체의 종류와 방출 환경에 따라 다르므로 매우 복잡한 체계를 가지고 있다. 따라서 기존의 화학 물질에 대한 환경 위해성 평가와는 달리 생명공학 작물의 특징에 따라서 case-by-case 시스템으로 각기 다른 평가 항목을 요구한다.

5. 환경 위해성 평가 원칙 및 방법

생명공학 작물의 경우, 환경 위해성 평가는 변형된 농작물이 자연 생태계에 끼칠 수 있는 악영향을 평가하는 것과 이들의 위해성이 판단될 때까지 음식이나 사료로 유출되는 것을 방지하는 목적으로 수행된다. 따라서 생명공학 작물의 개발자는 상업화 전에 각 국가의 책임 기관을 통해 환경 위해성 평가를 받아야 하며, 대부분 폐쇄 환경 방출 실험 과정을 통한 잠재적 환경 위해성 평가를 받는다.

생명공학 작물에 대한 환경 위해성 평가의 핵심 내용은 앞서 언급한 형질 전환 생물체의 잠재적 환경 영향을 평가하는 것으로 진화 과정의 교란, 생물 다양성의 파괴, 생명공학 작물의 잡초화 또는 신종 저항성 병해충 및 잡초의 출현, 유사 또는 비표적 생물체로의 유전자 전이, 이차적 또는 비표적 생물체에 대한 부작용 영향 등이다.

생명공학 작물은 살아있는 생물체로서 유해 화학 물질과는 달리 생태계에서 희석되지 않으며, 새로운 거주 환경을 형성하고 증식하며 지속적으로 대사 물질을 생산할 수 있다. 그러므로 생명공학 작물의 개발 시 인체 위해성뿐만 아니라 환경 위해성도 신중히 고려해야 하며, 혹 발생될 수 있는 잠재적 위해성을 최소화한 기술의 채택과 개발된 생명공학 작물에 대한 과학적이고 합리적인 안전성 평가, 사후 모니터링이 필수적으로 요구되고 있다.

농업용 생명공학 작물에 대한 환경 위해성 심사는 농촌진흥청 한국농업생명공학안전성센터(http://kabic.niab.go.kr/)에서 주관하고 있다.

표 5-4. 생명공학 옥수수의 안전성 평가 항목

1) 개발에 대한 이론적 근거
2) 개발의 유용성 및 용도
3) 숙주
   가. 분류상의 위치(학명, 일반명, 품종 및 계통명)
   나. 자연계에 있어서 분포 상황
   다. 인류에 의한 이용 내역(해외에서의 이용 상황 포함)
   라. 생물학적 특성(생존, 생식 특성 및 유전적 특성 포함)
      (1) 교잡
      (2) 야생종들과의 타가 교잡
      (3) 재배 콩과의 타가 생식
   마. 유해 물질의 생산 가능성(근연종의 생산성 포함)
   바. 병원성 및 외해 인자(바이러스 등)의 오염 여부
   사. 생식 · 번식 양식 및 유전적 특성
   아. 원산지 및 유전적 기타 주요한 생리학적 성질
   자. 기생성, 정착성 기타 주요한 생리학적 성질
   차. 잡초화 가능성
4) 외래 DNA 공여 생물체
   가. 일반명 및 분류학적 특성(학명, 품종, 계통명 등 포함)
   나. 인류에 의한 이용 내역
   다. 생물학적 특성
   라. 유독 물질의 생산 가능성
5) 운반체
   가. 명칭 및 유래(GenBank accession NO. 등)
   나. 성질
      (1) DNA 분자량
      (2) 제한 효소에 의한 절단지도
      (3) 유해 염기 서열의 유무
      (4) 숙주에서의 복제수 및 안정성
      (5) 기능 및 특성
   다. 병원성
   라. 운반체의 구성에 관한 정보
   마. 항생제 내성
   바. 다른 선발 마커의 사용 여부 및 종류
6) 도입 유전자(Inserted Genes)
   가. 도입된 유전자의 기능 및 특성

나. 도입 유전자의 구성 요소별 유래 및 염기 서열(Appendix 1 참조)
다. 이용을 위하여 유전자를 변형한 내용

7) 유전자 변형 식물의 육성 방법 및 특성
가. 유전자 변형 방법
나. 유전 변형 식물의 육성 과정에 대한 설명
다. 도입 유전자 지배 형질의 후대 안정성

8) 형질 전환 작물의 농업적 특성
가. 변형 후의 개선된 특성 및 성질
나. 숙주 또는 숙주가 속하는 생물종과의 차이점
(1) 생식, 번식 양식 및 유전적 특성
(2) 잡초성
(3) 유독 물질의 생산성
(4) 그 외의 중요한 생리적, 형태적, 농업적 특성
다. 표적 물질 및 표적 생물체에 관한 정보

9) 유전자 변형 식물의 분자생물학적 검정
가. 유전자 변형 식물의 도입 유전자 확인 결과
나. 유전자의 도입 위치(염색체 또는 세포 미소 기관) 및 주변 서열
다. 도입 유전자의 복제수
라. 도입 유전자의 세대 간 안정적 유전 및 발현 결과 확인
(1) 후대에서 삽입 유전자의 안정성
(2) 삽입 유전자의 발현
마. 도입 유전자의 검출 및 발현의 확인에 사용한 방법

10) 모의적 환경(격리 포장) 시험 실적

11) 유전 변형 식물의 위해성 평가
가. 유독 물질의 생성과 관련된 정보
(1) RR 콩들의 독소 및 항 영양소의 평가
(2) 알레르겐의 생성
(3) 주요 영양 성분의 변화 여부
나. 잡초화 가능성 관련 정보
다. 주변 생물 및 생태계에 미칠 수 있는 영향에 관한 정보
라. 유전자 변형 식물을 도입하고자 하는 환경에 대한 정보
(1) 유전자 변형 식물의 원산지와의 거리
(2) 지리적, 기후, 주변 식물의 생태학적 특성에 관한 정보

12) 해외의 인가 및 이용 상황

13) 기타(모니터링 시행 계획 및 방법, 유전자 변형 식물의 불활성화 방법, 불의의 사고 등 긴급 시에 대한 처리방법 등)

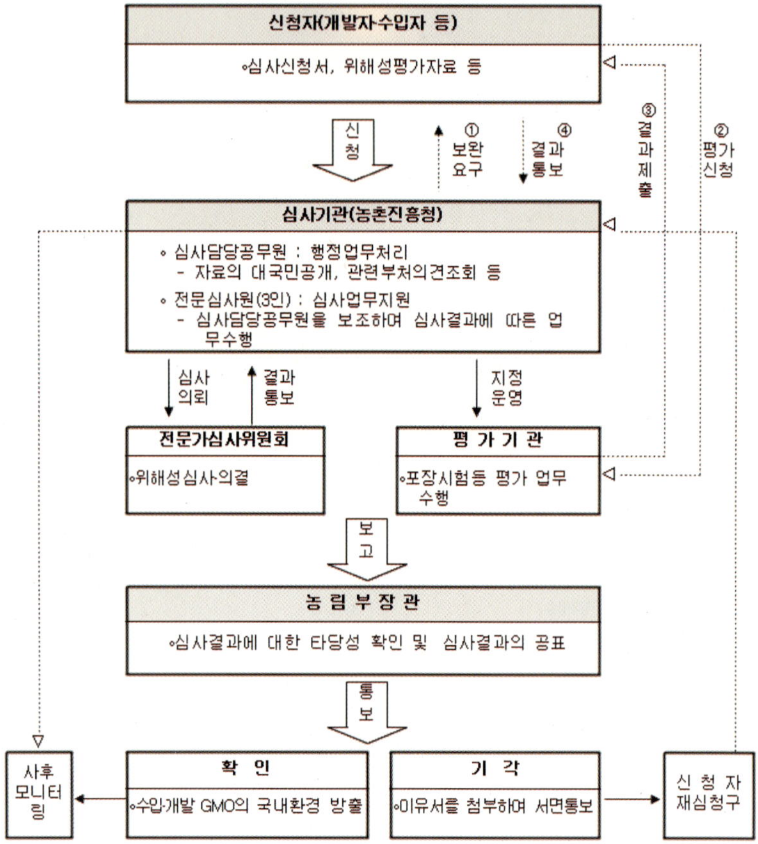

그림 5-12. 유전자 변형 생물체의 안전성 검정을 위한 환경 위해성 심사 절차

6. 우리나라에서 유통이 허가된 생명공학 작물

2004년부터 2008년 12월까지 우리나라에서 환경 안전성 심사를 거쳐 유통 허가를 받은 생명공학 작물은 콩 등 5개 작물에 대해 26품목에 이른다(표 5-5).

표 5-5. 유전자 변형 생물체 환경 안전성 심사를 거쳐 허가된 작물(2008년 12월)

작물	제품명
콩	RRS 40-3-2 1품목
옥수수	MON810, NK603, MON863, T25, TC1507, GA21, Bt176, Bt11, DAS-59122-7, MON88017, MIR604 등 11품목
면화	RR1445, 531, 757, 15985, LLcotton25, MON88913, 281/3006 등 7품목
카놀라	T45, MS8-RF3, RT73, MS1/RF1, MS1/RF2, Topas19/2 등 6품목
알팔파	J101, J163, J101XJ163 1품목
계	5작물 26품목

자료 : 한국농업생명공학안전성센터(http://kabic.niab.go.kr/)

6

생명공학 작물의 안전성 관리 현황

소비자의 건강과 환경 안전성을 확보하기 위해, 개발자의 자발적인 안전성 검사와 함께 생명공학 작물의 개발 · 유통은 국내외에서 제도적으로 매우 엄격하게 통제 · 관리되고 있다. 시간이 흐르면서 역사적인 안전성이 충분히 확보될 때까지는 필요한 조치로 받아들여지고 있으며 특히 시장 유통 이후의 여러 영향을 추적 · 분석하는 체제까지도 이미 갖추어져 있다.

유전자 변형 생물체 안전 관리는 재배 과정에서의 환경에 대한 안전 관리, 수확 후 이용, 관련 식품이나 사료로써 사람이나 동물에 대한 안전 관리로 나뉜다. 국제적으로는 OECD를 중심으로 선진각국에서 90년대 초반 생명공학 작물의 상업화 이전부터 상업화에 따른 안전성 평가 원칙, 방법 및 관리 방법에 관한 논의가 이루어졌으며, 90년대 중반 생명공학 작물의 상업화와 더불어 선진국을 중심으로 안전 관리 체계가 정립되었다.

환경안전성에 대한 논의는 OECD와 UNEP을 중심으로 이루어져, 2000년에는 UNEP[10) 중심으로 생물 다양성 협약(1992년)에 근거하여 생물 안전성 협약(Cartagena Protocol on Biosafety)이 체결되었다. 우리나라도 이에 대한 국내 이행법으로 2001년에는 "유전자 변형 생물체의 국가 간 이동에 관한 법률"을 제정하였으며, 2008년에는 생물 안전성 협약이 발효됨으로써 본격적인 관리 체계에 들어갔고 산업자원부(현 지식경제부)가 국가 책임 기관으로 하위 법령을 마련하였다.

식품 안전성에 대한 논의는 UNEP과는 무관하며, 경제개발협력기구(OECD), 세계보건기구(WHO)와 식량농업기구(FAO) 및 이들 두 기구의 합동 산하 국제식품규격위원회(CODEX)[11]에서 활발히 이루어지고 있다. 90년대 후반에 OECD회원국은 대부분 생명공학 식품의 안전성 관리 제도를 제도화해 갔으나, 개도국, 후진국은 독자적인 제도 마련이 어려워 CODEX 위원회를 중심으로 관리 제도의 확산을 위한 활동을 하고 있다. 그 결과 중의 하나로 2000년부터 2007년까지 2차에 걸친 4개년 특별 작업반에서 2002년에는 생명공학 작물, 2003년에는 생명공학 미생물, 2007년에는 생명공학 동물 유래 식품의 안전성 평가 원칙 및 평가 방법이 마련되었다.

다른 선진 각국이 90년대 초 재배 실험, 산업적 재배에 따른 환경 위해성 평가 체계 정립에 이어, 90년대 중반 이후 최종적으로 식품으로서의 안전성 관리 체계를 갖추어 나간 것과는 달리, 우리나라는 2000년대 초에 식품으로서의 안전성 관리 체계가 갖춰지고, 환경 평가 관리 체계는 2008년에야 갖추어져 시행하게 되었다. 즉 1999년부터 식품의약품안전청장 고시하에 임의 규정으로 안전성 평가를 실시해 왔으며, 2004년 식품 위생법을 개

---

10) 1972년 스웨덴 스톡홀름 '지구환경회의' 결과로 생긴 유엔 산하 유엔환경계획(United Nations Environment Programme)으로 환경 분야에 있어서 국제적 협력 촉진, 국제적 지식 증진, 지구 환경 상태의 점검을 목적으로 함

11) 1962년에 설립된 정부 간의 모임이자 국제적으로 통용될 수 있는 식품 규격 기준을 제정 · 관리하는 전문 조직으로 주목적은 국제 식품별 기준 규격 및 식품 첨가물 사용 대상 규격 등의 설정 및 권고를 하는 위원회

정하여 식품 안전성 평가가 의무화되었다. 환경 평가와 관련해서는 2008년 국내에서도 생물 안전성 협약이 발효됨으로써 본격적인 관리 체계에 들어갔다. 이와 같이 생명공학 작물의 관리 체계는 세계적으로 제조 기술 발달 속도에 따라 관리 기술을 개선해가면서 정립해 나가고 있으며, 아울러 생명공학 작물의 개발 기술로 제기되는 사회적 우려를 해소하는 기술 개발도 함께 이루어지고 있다. 이러한 관리 체계하에서, 상업화된 생명공학 작물의 재배가 급증하면서도 아직까지 우려가 실제로 나타난 예는 없으며 앞으로도 이렇게 제조 기술의 발달과 더불어 관리 기술도 발전해 나갈 것이다.

1. 우리나라

우리나라는 국내 생명공학 산업의 기반 조성 및 활성화를 위하여 1983년 과학기술부에서 제정한 '생명공학 육성법'에서 형질 전환체의 취급·사용에 관한 실험 지침 및 시행에 대하여 처음으로 명시하였다. 그 후 국내외에서 형질 전환체의 안전성 문제가 새로운 이슈로 떠오르자 보건복지부에서는 1997년 4월 '유전자 재조합 실험 지침'을 고시하였다. 주요 내용은 형질 전환체의 밀폐 기준, 방법, 보관, 운반, 양도, 실험 후 처리에 관한 사항을 명시하고 있으며 주로 병원성 미생물 실험을 위주로 작성되었다.

1999년 8월 식품의약품안전청에서 '유전자 재조합 식품, 식품 첨가물 안전성 평가 자료 심사 지침'을 제정하였는데, 국내에서 생산된 형질 전환체가 식품으로 유통될 경우 개발자 또는 수입업자가 영양 성분, 독성 물질, 알레르기 유발 물질, 항생제 내성 유전자 실험 자료를 식품의약품안전청에 제출하고 승인을 받은 후 시장에 유통시키도록 규정하고 있다. 2004년 2월부터는 식품 위생법에 따른 안전성 심사를 의무화 하고 있다. 이러한 식품의약품안전청의 지침에 따라서 몬산토 코리아에서 신청한 제초제 내성 콩 'Roundup Ready Soybean' 에 대하여 약 1년여의 심사 과정이 이루어졌으며, 2002년 안전성을 확인받은 바 있다. 그 이후로 2008년 12월 현재까지 'Roundup Ready Soybean' 을 포함한 7작물 54개의 품종이 안전성 심사를 마쳤으며, 계속하여 수입되는 작물에 대한 심사가 진행되고 있다.

환경 안전성 심사는 다소 늦은 2004년 시작하여, 2008년 12월까지 안전성 심사를 통과한 품목은 5작물 26품종에 이른다.

2000년 1월 캐나다 몬트리올에서는 형질 전환 생물체를 국가 간에 이동시킬 경우 환경과 인체의 안전성 확보를 목적으로 한 국제 규범 '바이오 안전성 의정서(Cartagena Protocol on Biosafety to the Convention on Biological Diversity)' 가 채택되었다. 이에 우리나라도 2001년 3월 이 의정서를 바탕으로 산업자원부가 주관하여 '유전자 변형 생물체의 국가 간 이동 등에 관한 법률' 을 제정 · 공포하였다. 이 법률은 수입 또는 국내산 형질 전환체의 안전성 평가 및 심사 절차와 형질 전환체 연구 시설의 설치 운영에 관한 신고, 허가 사항 그리고 위반 시 벌칙 조항 등에 대하여 규정하고 있으며 이에 근거하여 법률의 시행령 및 시행 규칙(안)이 만들어졌다. 의정서는 50개국이 비준서를 기탁한 2003년 9월부터 국제적으로 발효되었으며, 2008년 6월 현재 미국, 캐나다, 아르헨티나 등 주요 LMO 생산 수출국을 제외하고 EU를 포함하여 2008년 7월 현재 147개국이 가입했다. 우리나라는 2007년 10월 3일 비준서를 사무국에 기탁함으로써 143번째 당사국이 되었으며, 2008년 1월 1일자로 의정서가 시행되었다. 이 LMO 법률에 근거한 국내 바이오 안전성 관리 체계는 그림 6-1과 같다.

원료 농산물의 수입을 관장하고 있는 농림부는 생명공학 농산물의 생산 및 수입 단계에서 안전성 확보를 위하여 2002년 1월 9일 농림부 고시 제

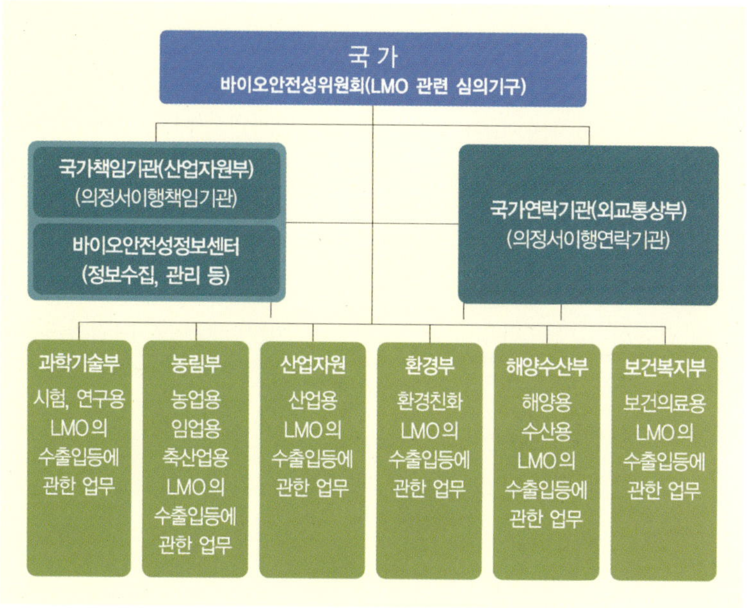

그림 6-1. LMO 법률에 근거한 국내 바이오 안전성 관리 체계

2002-2호로 '유전자 변형 농산물의 환경 위해성 평가 심사 지침'을 고시하였다. 형질 전환체 환경 위해성 심사 절차 및 심사 기관(농촌진흥청), 평가 기관 지정 운영, 국내 포장시험을 위한 격리 포장의 구비 조건 및 형질 전환체의 관리 방법, 심사의 전문성 확보를 위한 전문가 심사 위원회 구성과 운영, 심사 신청 형질 전환체에 대한 일반 정보 공개 및 의견 수렴 등에 대하여 규정하고 있다. 또 형질 전환체의 생산 및 승인 위반과 연구 시설 운영 및 실험 규정 위반에 대한 벌칙 규정도 함께 마련하고 있다. 환경 위해성 심사는 2004년 시작하여 2008년 12월까지 안전성 심사를 통과한 품목은 5작물 26품종에 이른다.

동지침의 심사 절차를 보면 먼저 수입자 등의 신청자는 소정의 양식에 의한 심사 신청서와 위해성 평가 자료를 작성하여 일건 서류를 농촌진흥청의 생명공학 기획 조정과 형질 전환체 심사 팀에 제출하면 이를 전문가 심사 위원회에서 심의 의결한다. 심사는 서류 심사 위주로 진행되며 필요시에는 포장시험과 현지 조사 등을 실시할 수 있다. 심사 기간은 신청 후 270일 이내에 검토 완료하도록 되어 있으며 심사 결과 위해성이 없는 것으로 확인되면 그 결과를 서면으로 신청자에게 통보하고 신청 결과가 기각된 경우에는 그 결정일로부터 60일 이내에 재심 요구가 가능하다.

2. 미국

선진국 중에서 생명공학 작물의 개발과 안전성 검정에 대해서 오랜 경험과 지식을 축적하고 이를 활용하고 있는 대표적인 나라가 미국이다. 1986년 미국의 과학기술정책청(Office of Science and Technology Policy, OSTP)은 생명공학 작물의 안전성 확보와 효과적인 관리, 감독을 위하여 정부 간의 조화 방안을 마련하였다. 각계의 전문가들이 생명공학 작물의 안전성 문제에 관해 검토한 후, 기존에 운영 중인 법으로도 생명공학 산물을 관리, 감독할 수 있다고 판단하고 이미 제정된 107개의 법률, 규정, 지침 등을 검토하였다. 또 어떤 법이 생명공학 작물의 안전성 규제에 적합한가와 이를 관리, 감독하는 정부 기관의 지정 및 역할에 대해서도 논의하였다. 그 결과 농무부(US Department of Agriculture, USDA)의 동 · 식물검역청(Animal and Plant Health Inspection Service, APHIS), 보건부의 식품의약국(Food and Drug Administration, FDA), 환경보호청(Environmental Protection Agency, EPA) 3개의 기관에서 이를 담당하도록 결정하고, 약 15년에 걸쳐 생명공학 작물의 안전성 관리와 감독 경험의 지식을 축적하여 현재에 이르고 있다.

USDA에서는 새로운 식물 품종을 포함하는 생명공학 작물의 수입과 국내 이동, 포장시험을 감독하며 이들 새로운 작물의 품종이 안전성 면에서 기존의 작물과 차이가 없는가를 확인하는 역할을 담당하고 있다. 규제 대상으로는 식물 병해충, 식물, 수의학 관련 산물 등이다.

FDA에서는 식품, 사료, 식품 첨가물, 수의 약품, 의약품 및 의료 장비에 대한 인 · 축 안전성을 검정하는 역할을 맡고 있다. 미생물 또는 생물 농약 그리고 형질 전환 미생물 등을 규제 대상으로 하여 이들이 환경에 미치는 영향을 심사한다. 미국에서는 정부가 식품의 안전성 문제를 최우선으로 생각하고 있으며, 세계에서 가장 안전한 식품을 지속적으로 공급해 온 데 대하여 대단한 긍지를 가지고 있다.

생명공학 작물 개발 회사들은 상업화에 앞서 독자적으로 전문가들에게 매우 엄격한 자체 심사를 받은 후, 다시 형질 전환체 산물의 특성에 따라 별도로 USDA, FDA , EPA 등에서 이루어지는 검사를 받고 있다. 약 130여 종의 형질 전환체 작물이 개발되어 안전성 검사를 마쳤으며, 이러한 형질 전환체를 원료에 포함하여 시중에 유통되고 있는 식품만 하더라도 수천 종에 이르고 있다.

농무부(USDA)와 동 · 식물검역청(APHIS)의 역할

APHIS에서는 연방 식물 병 · 해충법과 식물 검역법 등의 관련법에 근거하여 새로운 식물 품종이 기존의 식물에 병을 유발시킬 수 있는가를 관리 감독하고 있다. 그러나 USDA의 관리 및 규제는 유전자 변형 산물의 연구 개발 초기부터 시작되는 것이 특징이다. 새로운 품종의 개발 초기 단계에서 이것이 과연 안전하게 이용될 수 있는가를 평가하며, 농업 특성 조사 시험 또는 육종 사업에 이용될 수 있도록 관리한다. 한편 상품화에 추가적으로 요구되는 식품 및 농약으로서의 안전성 평가는 FDA와 EPA의 협의를 거쳐 이루어진다.

USDA와 APHIS에서는 생명공학 작물의 주(State) 간 이동 및 수입 그리고 환경 방출에 대한 규제 업무를 주로 하고, 크게 포장시험 허가와 생산물 허가로 구분된다. 포장시험 허가 등의 안전성 심사는 총 19명의 전문가(과학자와 법학자)로 구성된 생명공학 평가 팀(Biotechnology Evaluation Team)에 의해 이루어지며, 각각의 담당자는 방출 허가(Release permit), 신고(notification), 비규제 품목(petition for nonregulated status) 결정 등의 업무를 맡고 있다.

방출 허가란 일반적인 허가 방법으로, 생명공학 작물을 자연 환경에 방출하기 120일 전에 환경 위해성 심사를 받게 하고 심각한 환경 위해성 비발견(FONSI) 판정을 받았을 때 방출 허가를 내어 주는 것이다. 신고는 잡초 등 특정 식물을 제외한 토마토, 옥수수, 담배, 콩, 면화, 감자 등의 6개 작물에 한해 방출 허가와 달리 환경 영향 심사를 받지 않고 신고 절차에 의해 환경 방출 실험을 수행할 수 있게 하는 것이다. 비규제 청원(Deregulation Petition)은 생명공학 식물체의 상업화를 촉진시키기 위해 규제를 면제하여 신속하게 방출할 수 있는 허가 방법의 하나이다. 일단 비규제 대상 형질전환 작물로 결정이 나면 산물이나 후대 계통의 수입, 주 간 이동이나 환경방출 시 더 이상의 규제를 받지 않고 일반 작물과 동일하게 취급된다.

식품의약국(FDA)의 역할

FDA에서는 식품, 의약품, 화장품법에 근거하여 생명공학 작물로 만들어진 식품이 불량한지 또는 가짜인지에 대하여 확인하는 역할을 한다. 그러나 생명공학 산물의 제조 과정과 관련해서는 특별히 규제가 필요하지 않다는 입장을 유지하고 있다. 1992년의 정책 성명서에서 유전자 전환 기술이 식품에 새로운 독성 물질을 만들지 않고, 이미 존재하는 독성 물질을 변화시키지 않으며 영양분의 구성 성분을 변화시키지 않고 알레르기 유발 성분이 없을 경우에는 생명공학 신품종을 기존의 품종과 동일한 것으로 간주한다고 명시하고 있다. 또한 허가 받은 생명공학 식품의 영양 성분이 변형될 가능성이 있거나, 알레르기 잠재력을 보유했거나, 또는 조리하는 데 새로운 방법이 요구되는 제품일 경우에는 이러한 관련 정보와 함께 별도의 표시가 필요하다고 명시하고 있다. 이러한 FDA의 정책은 새로운 규제, 또는 비규제라기보다는 단지 FDA가 이러한 식품에 대해 전통적으로 어떻게 규제하는가를 보여 주고 있다.

FDA의 안전성 평가 항목은 다음과 같다.

① 예상치 않은 독성 물질의 합성 또는 증가

대부분의 식물들은 자체 방어를 목적으로 독소 또는 반영양소를 생성한다. 그러나 인간에게 순화된 재배 식물에서는 이러한 독소의 농도가 매우 적기 때문에 인체에 해가 없다. 감자의 경우 육종가들의 계속적으로 독소의 농도를 인체에 영향이 없는 수준으로 선발했기 때문에 문제가 없고 주정 원료인 카사바에 포함된 청산가리 성분도 가열 또는 가공을 하여 먹으면 안전하다.

개발자는 생명공학 작물의 상업화 이전에 독소 물질이 인체에 해를 주지 않는 범위에 속하는지를 확실하게 평가하여야 한다. 식품에 들어 있는 특정한 단백질들은 독소 또는 반영양 성분으로 작용하므로 도입된 유전자의 염기 서열이 독성 단백질과 유사성이 있는지를 사전에 검토한 후 사용을 자제하여야 한다. 만약 이러한 계통이 육성되었을 경우에는 철저한 안전성 심사를 거쳐야 한다. 또, 독소 생성 유전자가 작물에 들어왔을 경우에 그 유전자가 활성화되지 않을까 하는 우려가 있는데, 그러한 경우에는 진화 과정에서 발생하는 돌연변이에 의해서 그 기능이 정지된다. 문제는 중간 산물이 독소 물질로 작용할 가능성도 있어 생명공학 과정에서 활성화시킬 수 있는지 여부이다. 그러나 인류가 오랫동안 안전하게 이용해 온 작물 식품에서는 이러한 일이 일어날 수 있는 가능성이 거의 없다. 만약 가능성이 있더라도 작물의 육성 과정에서 탐지되어 사전에 제거될 가능성이 높다.

최근 미국에서 상업화 승인을 받은 콩, 옥수수, 감자 등의 생명공학 작물은 인류가 오랫동안 육종한 작물이며 식품으로 사용된 내력을 가지고 있다. 따라서 새로운 작물이 독성 물질을 생성할 가능성을 평가할 때 유용하게 쓰인다. 육종적 내력과 식품의 이용 내력을 조사한 결과 생명공학 작물에서 독성 생성 내력이 발견된다면 상업화되기 전에 엄격한 식품 안전성 심사의 대상이 된다. 육종적 내력이나 식품 이용의 경험이 결여된 신작물일 경우에도 동일한 식품 안전성 심사 절차가 적용된다. 왜냐하면 신작물은 독성 생성에 대한 잠재력을 예측하는 것이 어렵기 때문이다. 식품에서의 독성 문제는 식물 자체에서 생성된 독소만이 아니라 병원균에 의해 곡물이 2차 감염되어 발생하는 진균성 독성도 포함한다.

② 필수 영양 성분의 변화

작물은 인체에 필수 영양 성분을 공급하는 주요한 식품이다. 예를 들어 감귤류는 비타민 C의 주요 공급원이고, 당근은 비타민 A의 주요 공급원이다. 또 두류는 단백질과 필수 아미노산의 공급원이다. FDA의 식품 안전성 정책에 따르면, 생명공학 작물 필수 영양 성분의 함량이 기존의 일반 작물과 비교하여 차이가 있는지 검토하도록 하고 있다. 만약 영양 수준이 종래의 작물과 비교하여 뚜렷이 드러나는 차이를 보일 경우에는 식품 당국이 상업화를 중지할 수도 있으며, 영양 성분의 변화에 대한 구체적인 내용을 표시하여 라벨에 부착하도록 의무화할 수도 있다. 철분 또는 비타민 A가 강화된 품질 개선 생명공학 작물의 경우에는 상업화에 앞서 반드시 영양 성분 변화에 대한 철저한 식품 안전성 평가가 이루어져야 하며 상업화 이후에도 의무 표시가 요구되고 있다.

③ 알레르기 유발 가능성

전 세계 인구의 약 1~2%는 식품 알레르기로 고생하고 있다. 이들은 대개 한두 개의 특정한 식품에 알레르기 반응을 보이고 있으며, 알레르기 유발 식품으로는 땅콩, 콩류, 견과류, 우유류, 달걀류, 생선류, 갑각류, 밀 등이 대표적이다. 식품에 알레르기가 있는 사람은 그러한 식품을 섭취하였을 경우 갑작스러운 알레르기 반응이 일어날 수 있으며 심하면 목숨까지 잃을 수 있기 때문에 식품 알레르기가 문제가 되는 것이다.

FDA는 생명공학 작물의 잠재적인 알레르기 유발성을 평가하기 위하여 식품 안전성, 식품 알레르기, 면역학, 생명공학, 진단학 분야의 전문가 자문과 식품 알레르기의 연구 결과를 바탕으로 하여 안전성 평가 지침서를 만들었다. 지침서에 의하면 위에서 언급한 알레르기 유발 8종 식품을 생명공학 작물로 개발할 경우에는, 반드시 알레르기 유발 가능성이 없음을 과학적으로 증명하도록 되어 있다.

기존에 알려진 모든 알레르기 유발원은 단백질이며 공통된 아미노산 서열을 가지고 있다. 또, 분자량이 10~70kDa이며 산 또는 열에 강하다든지 몇 가지 공통적인 특성을 가진다. 따라서 새로 개발된 생명공학 작물이 알레르기 유발원을 포함하고 있지 않다는 것을 보장하기 위해서, 유용 유전자가 알레르기 유발 식품에서 왔는지와 유전자를 받는 식물이 알레르기를 유발한 적이 있는지, 또 도입 유전자의 단백질 서열이 이미 알려진 알레르기 유발원과 같은지 등에 근거하여 잠재적인 알레르기 평가를 실시하여야 한다. 파이어니어 하이브리드 종묘 회사에서 콩의 필수 아미노산인 메타이

오닌 성분을 강화하기 위하여 브라질너트의 유전자를 도입하였으나 브라질너트에 알레르기를 보인 사람들이 보고되었고, 피부 반응 시험과 면역 반응 시험 등을 실시한 결과 생명공학 콩에서도 알레르기 증세가 우려되어 개발을 중단한 바 있다.

④ 항생제 내성 문제

식물 세포는 유전자 이식의 효율이 매우 낮아 극소수의 세포에서만 유용 유전자 이식이 이루어지며 세포 내의 발현율 또한 매우 낮다. 수백만 개의 세포 중에서 생명공학 세포만을 선발하기 위해서 대개 항생제 저항성 유전자를 선발 마커로 이용한다. 제조합 유전자를 이식한 세포를 항생제가 들어 있는 선별 배지에서 키우고, 살아남은 세포를 식물로 재분화시켜 형질전환 작물을 얻는다. 이때 항생제 내성 유전자가 식품에서 생태계의 병원균으로 옮겨 가 항생제 내성 병원균이 발생하는 것이 아닌가 하는 우려가 제기되었다.

이에 따라 FDA는 1992년 정책 성명서와 1998년 '형질 전환 식물에서 항생제 저항성 마커 유전자의 사용과 관련된 지침'에서 특별히 생명공학 식품에 대하여 다음의 사항들을 고려하여 안전성을 평가하고 있다.

첫째, 항생제 저항성 유전자에 의해 만들어지는 단백질의 잠재적 독성

둘째, 생성된 단백질이 알레르기 반응을 일으킬 가능성

셋째, 항생제 의약품으로서의 중요성

넷째, 항생제의 경구 투여 여부

다섯째, 항생제의 특성

여섯째, 항생제 저항성 유전자가 식물에서 미생물로 옮겨 갈 가능성과 항생제 저항성 미생물의 증가 여부 등에 관한 정보이다.

이러한 지침은 미생물학자, 의학자, 세균 · 진균 학자, 식품 학자 등의 전

문가 그룹에서 결정되었고, 국내는 물론 국제기구에서 생명공학 식품의 안전성을 평가할 때도 적용되는 등 식품 안전성 평가에 널리 이용되고 있다. 그러나 항생제 저항성 유전자의 안전성에 문제가 없음에도 불구하고 현재의 과학 기술은 비항생제 마커를 개발하는 쪽 혹은 마커를 쓰지 않는 쪽으로 방향을 전환하고 있고, 이미 이러한 기술은 실용화 단계에 와 있다.

환경보호청(EPA)의 역할

EPA에서는 연방 살충제, 살균제 및 살서제 법에 따라 살충성 물질 혹은 제초제 저항성을 보유한 생명공학 작물이 환경에서 안전하게 사용될 수 있도록 관리, 감독하는 역할을 담당한다. 아울러 새로운 살충성 물질에 대한 등록과 표시, 사용 조건을 정하는 업무도 관장한다. 살충성 물질이 공중 보건에 위해성을 유발시키지 않는다고 판단되면 잔류량 설정 절차를 면제할 수도 있다. 생명공학 식물이 기존의 식물과 비교하여 현저하게 새롭거나 다른 식의 양상을 나타내지 않으면 병해충 저항성 물질이 인체를 포함한 환경에 나쁜 영향을 미칠 수 있는 잠재력이 적기 때문이다. 그러나 1999년

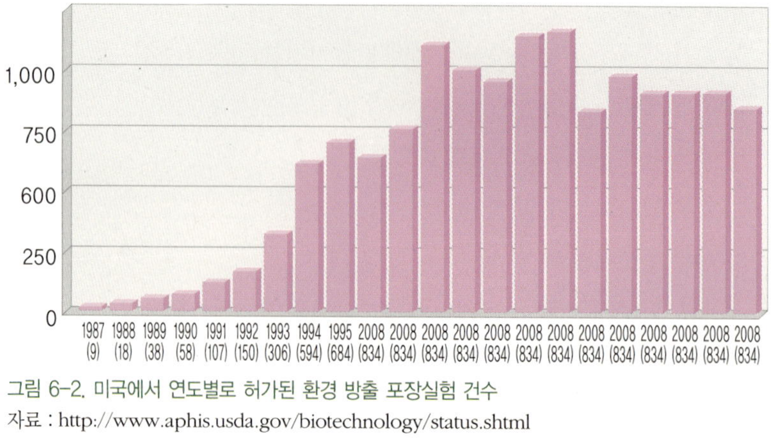

그림 6-2. 미국에서 연도별로 허가된 환경 방출 포장실험 건수

자료 : http://www.aphis.usda.gov/biotechnology/status.shtml

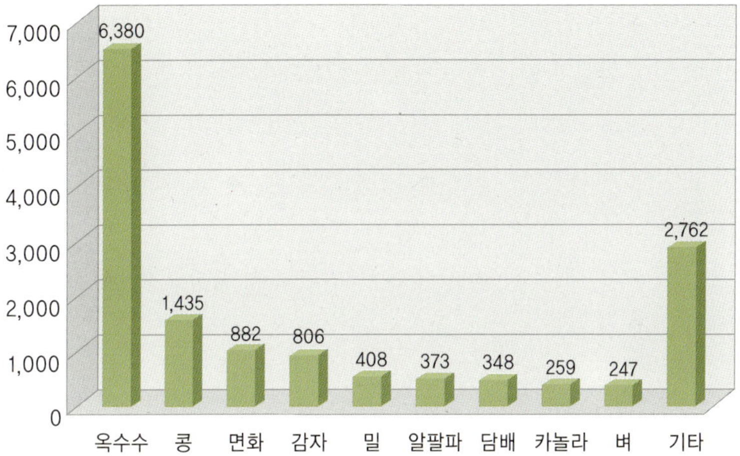

그림 6-3. 미국에서 생명공학 작물별 포장실험 허용 현황

저명 학술지 네이처(Nature)에 Bt 옥수수 꽃가루가 제왕나비 유충을 죽일 수도 있다는 연구 결과가 발표된 이후 새로 만든 규제에 따르면 개발자는 불특정 곤충에 대한 영향을 최소화하기 위하여 이에 따른 연구 지침과 연구 결과를 함께 제출하도록 명시하고 있다.

1987년부터 2008년까지 총 환경 방출 실험 건수는 13,900건에 이른다. 1990년 이전에는 모두 합해서 65건 미만이었으나, 1995년 본격적인 상업화와 더불어 급격히 증가하여 90년대 후반인 1998년에 이르러 연 1,000여

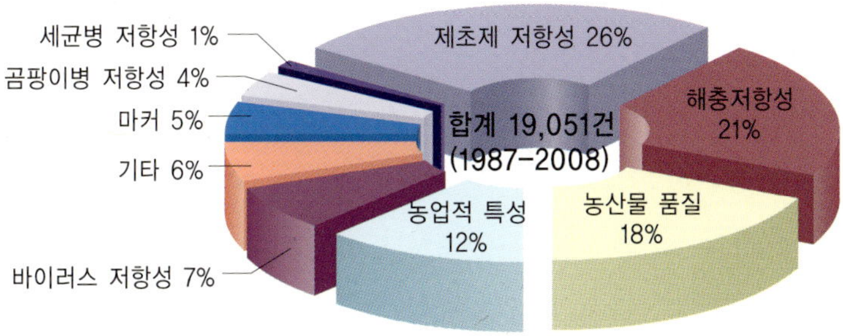

그림 6-4. 미국에서 포장 실험이 허용된 작물의 특성별 분포

건을 넘어섰으며 이후 연평균 900건 수준을 유지하고 있다(그림 6-2).

10회 이상 환경 방출 실험이 수행된 생명공학 작물은 총 57종이며, 옥수수(6,380건으로 전체의 45%, 콩, 면화, 감), 밀, 알팔파, 담배, 카놀라, 벼 순으로 상위 9종 작물이 전체 실험의 80%를 차지한다. 실험 대상 유전 형질로는 제초제 저항성이 4,806건으로 가장 많았고, 다음이 해충 저항성 3,933건, 농작물 품질 향상 3,450건, 농업적 특성 향상 2,365건, 바이러스 저항성 1,319건 순으로 집계되었다.

3. 일본

일본에서는 문부 과학성, 통산성, 농림수산성, 후생노동성 4개의 기관이 형질 전환체의 실험과 상업적 이용을 위한 재배, 수입, 식품 및 사료로서의 안전성 확인 심사 업무를 담당하고 있다.

일본 국내에서 개발된 형질 전환체와 수입 형질 전환체가 격리 포장시험 승인 및 일반 포장 재배, 생명공학 작물의 사료 및 식품으로서의 안전성 확인을 얻기 위해서는 문부과학성, 농림수산성, 후생노동성 3개의 기관에 관련 서류를 제출하여 승인을 얻어야 하며 심사에 소요되는 기간은 작물과 특성에 따라 차이가 있지만 대략 5년 정도가 소요된다.

문부과학성의 역할

문부과학성(Ministry of Education, Culture, Sports, Science and Technology)은 OECD의 권고 사항을 수용하여 1987년 '재조합 DNA 실험 지침(Guidelines for Recombinant DNA Experiments)'을 만들어 운영하고 있으며, 지침에는 제한된 구역에서 유전자 재조합 연구를 수행할

때 지켜야 할 안전 관리에 관한 사항이 포함되어 있다. 또, 유전자 재조합 생물체가 방출하는 배출 가스를 최소화하고 작업장에서 배출되는 물질을 불활성화하는 조건을 추가하였다. 개인의 임무를 명시하고 연구 종사자들의 지속적인 훈련이 필요하다는 것과 실험실 감독자의 중요성 등을 강조하였다. 연구 기관의 사업자는 안전성 규칙 및 기술과 관련된 지식을 숙지해야 하고 종사자의 훈련에도 책임이 있다. 따라서 연구 기관은 안전 위원회와 안전 관리관을 의무적으로 두어야 하며 병원성 미생물을 다룰 때에는 전염이 되지 않도록 대책을 강구해야 한다. 문부과학성은 15인으로 구성된 안전 위원회를 운영하고 있으며, 유전자 재조합 기술과 관련된 실험을 승인 받고자 할 때에는 1~2개월이 소요된다. 신청자가 장비 등을 적절히 사용한다고 판단되면 자동적으로 실험 승인이 나는데 현재까지 안전 위원회에서 실험 불가 판정이 난 경우는 없다.

문부과학성으로부터 실험 승인을 얻은 후에는 폐쇄 및 비폐쇄계 온실에서의 실험이 가능하다. 폐쇄계 온실에서는 도입 유전자의 발현, 형태적 특성에 대한 안전성을 검토하며, 비폐쇄계 온실에서는 형태적, 발육적 특성, 번식 특성, 독성 성분의 생산 가능성 등의 안전성 검사를 받는다. 검사가 끝나면 격리 포장 실험이 가능하며 이에 소요되는 기간은 평균 2년 정도이다. 현재 츠쿠바시의 농업생물자원연구소에서는 폐쇄계와 비폐쇄계 온실 실험을 위하여 바이오플랜트리서치센터(BioPlant Research Center, BRPC)를 설치 운영하고 있다. 이곳은 생명공학 작물을 일반 대중에게 홍보하는 체험의 장소로도 활용되고 있다.

일본 국내에서 개발된 형질 전환체의 경우는 반드시 이러한 문부 과학성의 안전성 심사 절차를 거쳐야 하지만 수입 형질 전환체의 경우는 개발자의 자국에서 실시한 안전성 평가 실험 결과를 인정하여 일본 내에서의 안전성 평가 실험은 생략하는 추세이다.

농림수산성의 역할

농림수산성(Ministry of Agriculture, Forestry and Fisheries)은 유전자 재조합 생물체의 환경 방출에 관한 사항을 관장하고 있다. 문부 과학성에서 안전성이 확인된 생명공학 농산물을 다시 농림수산성에서 농림수산 분야의 재조합체 이용 지침과 재조합체의 이용을 위한 사료 및 사료 첨가물 안전성 평가 지침에 의하여 격리 포장 환경 안전성 평가에 대한 실험 결과를 제출하도록 하고 그것의 승인을 얻도록 하고 있다. 임의적으로 만들어 준 환경이나 자연 상태에서 생명공학 식물 · 미생물 · 실험 소동물이 미치는 영향을 평가하기 위해서 평가 항목과 실험 계획서 양식에 관한 정보 그리고 격리 포장 사용 계획에 관한 양식 및 관련 절차를 제공하고 있다.

① 모의적 환경 재배 승인 신청

생명공학 작물 개발자는 온실에서 수행한 안전성 시험 결과와 장차 포장에서 수행할 격리 포장시험 수행 계획을 작성하여 농림수산성 대신 앞으로 모의적 환경 재배 시험 신청서를 제출한다. 농림 수산성 재조합체 이용 전문 위원회의 '재조합 식물 소위원회'에서 개발자가 신청한 모의 환경 재배 시험 계획서를 1차적으로 검토하며, 또한 격리 포장시험을 할 때 주변 환경에 영향을 미칠 것인가에 대한 검토가 이루어진다. 필요시에는 자료의 보완도 요구할 수 있다. 재조합체 이용 전문 위원회에서는 소위원회의 검토 내용을 확인하고, 이상이 없을 경우에는 농림수산성 기술회의에 보고한다. 형질 전환체의 격리 포장시험 계획 등 모의적 환경 재배 승인은 농림수산성 기술회의 사무국의 기술 안전과에서 전담하고 있다.

② 모의적 환경에서의 재배 및 조사

모의적 환경에서 생명공학 작물이 일반 작물과 비교하여 환경에 아무런 영향이 없음을 입증하여야 하며 환경 영향 조사 항목에는 월동성, 탈립성, 휴면성 등이 포함된다. 이때의 실험은 격리 포장에서 이루어지며 대개 1년이 소요된다. 안전성 실험이 종료된 종자는 소각 처리하여 형질 전환체 종자가 격리 포장 밖으로 유출되는 것을 엄격히 통제하고 있다.

③ 일반 재배 포장 승인 및 수입 여부 확인

형질 전환체 개발자 또는 수입자는 격리 포장에서 실시한 생명공학 작물의 환경 영향 평가 실험 결과서를 첨부하여 농림수산성 기술회의 사무국 기술 안전과에 '일반 포장 재배 시험' 또는 '수입 허가 승인 신청' 을 하도록 되어 있다. 관련 서류가 접수되면 15명 내외의 관련 분야 전문 과학자로 구성된 재조합체 이용 전문 위원회의 '재조합 식물 소위원회' 에서 1차 서류를 검토한 후 시험 결과의 보완을 추가적으로 요청할 수 있다. 식물 소위원회에서 형질 전환체 환경 안전성 평가서에 대한 심사가 끝나면 재조합체 이용 전문 위원회로 서류가 넘겨져 2차 검토를 거친 후 농림수산 기술 회의 사무국에서 최종적으로 농림 수산 대신의 결재를 받으면 생명공학 작물을 일반 포장에서 재배할 수 있거나 혹은 수입이 허가된다. 이때 소요되는 기간은 약 3개월 정도이다.

후생노동성의 역할

후생노동성(Ministry of Health, Labour and Welfare)에서는 의약품과 식품 관련 업무를 관장하고 있다. 1987년 '식품 및 유전자 재조합의 안전성' 에 관한 연구회를 만들어 유전자 재조합의 응용과 관련된 안전성 문제를 다루고 있다. 특히 유전공학 기술의 도입으로 사회에서 발생하는 애로사항과 일반 대중의 인식 변화에 대해서도 많은 연구를 하고 있다. 현재 후생노동성에는 12인으로 구성된 생명공학 자문 위원회가 있어 생명공학 작물의 식품 승인 신청에 대한 심사를 담당하고 있다. 그동안 법적 근거 없이 임의로 시행해 오던 생명공학 식품에 관한 안전성 검사를 2001년 4월 1일부터 법적으로 의무화하기로 하고 '식품 첨가물의 규격 기준'을 개정, 고시하였다. 통상산업성의 역할통상산업성(Ministry of International Trade and Industry)은 10명으로 구성된 유전자 재조합 기술 위원회를 운영하며 유전자 재조합 생물체의 안전성 관리를 담당하고 있다. 주로 기초 화학 물질, 화학적 산물, 화학 비료 등에 대한 유전공학 기술의 문제를 취급하고, 발효조의 용액과 배출 가스에서 재조합 생물체의 방출을 최소화하는 등 안전성과 관련된 사항을 다룬다. 안전성 평가 항목으로는 유전자를 받는 생물체의 분류, 유전적 특성, 병원균적 또는 생리학적 특성, 유전자 재조합 분자의 구조 및 방법, 유용 유전자의 DNA와 전달 생물의 특성, 유전자 재조합 생물체의 유전자 발현 특성과 유전자를 주는 생물체와 유전자 재조합 생물체와의 유사성 등이 있다.

등록 현황

일본은 생명공학 작물의 관리를 위래 Biosafety Clearance House를 운영하며 웹 사이트(http://www.bch.biodic.go.jp/english/lmo.html)을 통해 자료를 공개한다. 2004년부터 2008년까지 일본에서 식용 사료 가공용으로 허가를 받은 LMO 품목은 125종에 이른다. 작물별로 보면 옥수수가 43품목으로 전체의 34%를 차지하고 벼가 20품목으로 16%, 이어서 면화가 17품목(14%), 콩 11품목(9%), 카놀라 10품목(8%) 순으로 이들이 전체의 81%를 차지한다. 특히 생명공학 벼가 면화, 콩, 카놀라를 앞서 간다는 점이 다른 나라와의 차이라고 할 수 있다.

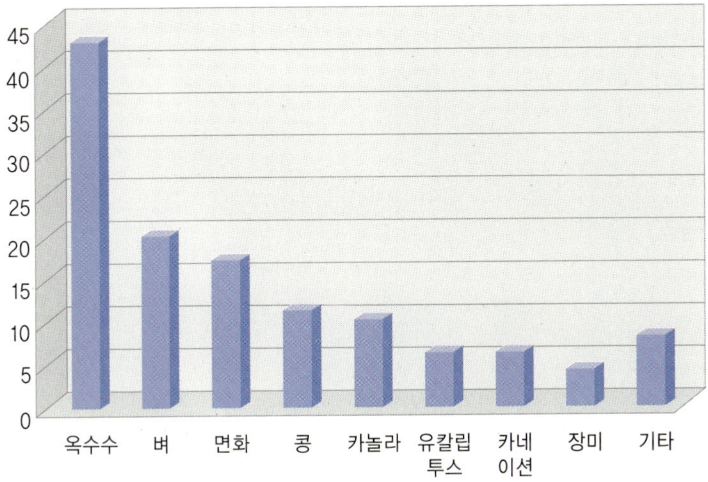

그림 6-5. 일본에서 생명공학 작물별 등록 현황

4. 캐나다

생명공학식물체의 환경 방출 실험을 관장하는 기관은 식품검사청(Canadian Food Inspection Agency, CFIA) 산하의 식물안전성과이며, 신청 허가 내용은 웹 사이트(http://www.inspection.gc.ca/english/plaveg/bio/confine.shtml)에 수록되어 있다. 생명공학 식물체의 환경 위해성 평가는 폐쇄 실험, 격리 포장 실험, 비폐쇄 실험을 거쳐 상업화 단계로 이루어진다. 폐쇄계 실험은 외부 환경과 차단된 장소에서 이루어지므로 주무 관청의 허가를 요하지 않으며, 마지막 단계인 상업화 단계는 격리 포장 실험이나 비폐쇄계 실험에서 충분한 안전성 평가를 마친 후이므로 단순한 신고로 대신한다.

1988년부터 2008년까지 3,579건의 작물에 대해서 격리 포장 실험이 수행되었다. 이는 OECD 국가 중 미국에 이어 두 번째로 많은 실험을 수행한

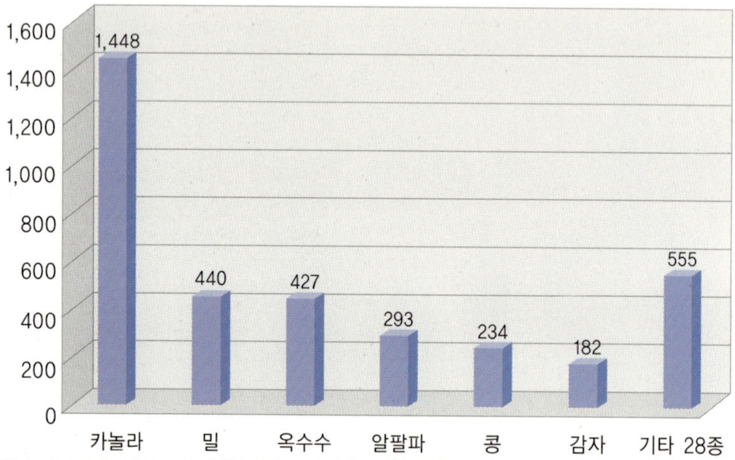

그림 6-6. 캐나다에서 생명공학 작물별 포장실험 허용 현황

것이며, 대상 작물 34종 중에서 카놀라(1,448건), 밀(440건), 옥수수(427건), 알팔파(293건), 콩(234건), 감자(182건) 등 6종이 3,024건으로 전체의 84%를 차지한다(그림 6-6). 대상 유전 형질은 제초제 저항성, 양성 불임 형질 표현, 병해충 저항성, 환경 스트레스 내성 등의 순이다.

격리 포장 실험을 거쳐 개발 및 상품 가치성이 우수한 생명공학 식물체를 선정하여 비폐쇄계 실험을 수행하게 되는데, 현재까지 환경 안전성을 인정받은 생명공학 식물체는 옥수수 25건, 유채 12건, 밀 8건, 감자 5건, 콩 4건, 사탕무 2건, 해바라기 2건, 아마 1건, 렌틸 1건, 알팔파 1건 모두 10종 작물에 대해 61건이다.

5. EU

EU 회원국은 형질 전환체의 포장 실험 수행 시 SNIF(Summary

Notification Information Format)를 EC 산하의 조인트리서치센터(Joint Research Center, JRC)에 제출하도록 되어 있고, 이 자료는 웹 사이트(http://gmoinfo.jrc.ec.europa.eu/)에 등록한다.

1991년부터 2008년 9월까지 총 22개국에서 생명공학 농작물에 대해 2,352건의 포장 방출 실험이 수행되었다. 국가별로는 프랑스가 589건으로 가장 많았고, 에스파냐 436건, 이탈리아 295건, 영국이 235건, 독일과 네덜란드가 각각 178건, 벨기에 133건으로 이들 7개 국가의 합계 건수가 2,044건에 이르러 전체의 87%를 차지한다(그림 6-7). 대표적인 포장실험 대상 작물은 옥수수 775건, 카놀라 379건, 사탕무 252건, 감자 274건, 토마토 75건, 목화 62건, 담배 59건으로 7종 작물 합계가 1,876건으로 82%를 차지하며, 변형 유전 형질로는 제초제 저항성, 해충 및 바이러스 저항성, 품질 향상 등에 관한 것이다(그림 6-8).

6. OECD

2000년 1월에 채택된 바이오 안전성 의정서는 형질 전환체의 국가 간 이동에 대한 규제를 명시하였다. 그러나 형질 전환체에 대한 위해성 평가 기준 및 방법에 대한 국제적인 표준 지침이 없어서 국제기구인 OECD가 1995년에 'OECD 생명공학의 규제 조화를 위한 실무 그룹 회의'를 설립하였다. 이 회의는 회원국 간 형질 전환체의 위해성/안전성 평가에 필요한 정보, 평가 방법의 차이를 조화시키고, 상호 이해를 높이며, 작업의 중복을 피해서 효율성을 높이자는 의도였다.

이 실무 회의에서는 그 사이 형질 전환체에 대한 위해성 평가 기준, 방법, 제도 등의 내용을 담은 합의 보고서(Consensus Documents)를 만들었

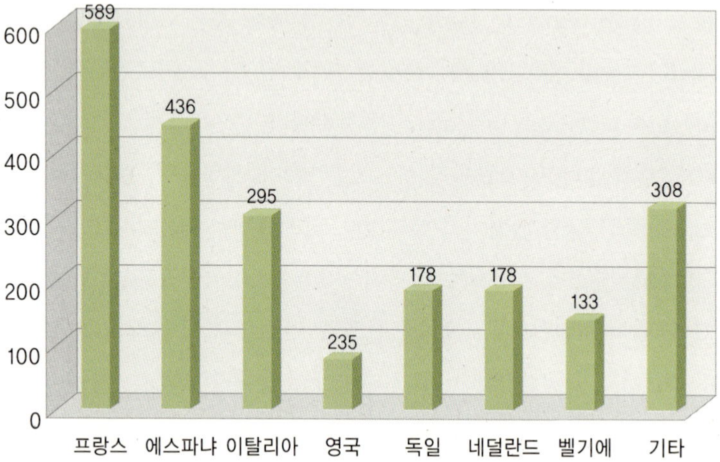

그림 6-7. 유럽연합 국가별 생명공학 작물 포장 방출 실험 실시 현황

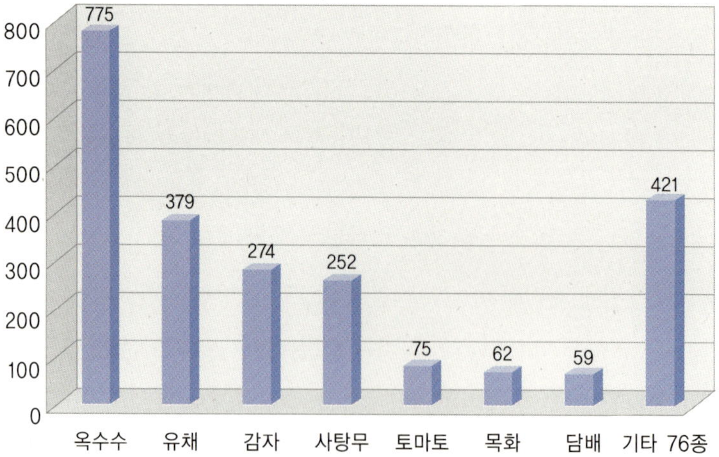

그림 6-8. 유럽연합에서 생명공학 작물별 포장 실험 허용 현황

고, 생명공학 안전성에 관한 정보 체계인 OECD BioTrack Online(http://www.oecd.org/department/0,3355,en_2649_34385_1_1_1_1_1,00.html)을 운영하고 있다. 이 웹 사이트는 회원국의 환경 방출 실험 자료, 상품 자

료, 기술 및 정책 동향, 관련 문서들을 수록하고 있다.

환경 방출 실험 자료는 BioTrack 사이트에 등록되어 있으며, 환경 방출 실험을 수행한 국가, 방출 실험 번호, 수행 연도, 해당 생물체의 일반명, 학명, 생물학적 분류, 실험 목적, 삽입된 유전자의 형질, 허가 현황, 방출 실험 장소, 수행 기관 및 담당자, 정부 주무 부서 및 담당자, 생명공학 범주 등의 내용을 기록하고 있다. 2008년 말까지 총 25개국이 19,902여 건의 LMO 환경 방출 실험을 수행하였다.

형질 전환체의 주요 포장실험 국가는 미국, 캐나다, 프랑스, 에스파냐, 이탈리아, 영국, 독일, 네덜란드, 벨기에, 호주 등이며, 이 중 미국이 전체의 70%, 캐나다가 18%, 프랑스 3% 등의 순이다. 농작물 중 옥수수가 38%, 카놀라가 11%, 콩이 8%, 감자가 6%를 차지했다.

OECD 회원국에서 상업적인 거래 허가를 받은 생명공학 제품은 웹 사이트(http://www2.oecd.org/biotech/default.aspx)에 등록되어 있다. 수록된 자료는 회원국의 정부 기관이나 개발 기관에서 OECD에 제출한 문서 및 자료를 기초로 작성된다. 현재까지 허가된 생명공학 제품은 129건으로 대부분이 농작물이며 옥수수가 36건, 면화 및 감자가 각각 20건, 유채가 15건 등 134작물이 등록되어 있다.

7

생명공학 작물과 소비자의 선택권

생명공학 작물이 개발되고 시장에 유통됨에 따라 이들 작물의 인체 안전성 또는 환경 위해성 문제가 대두되기 시작하였다. 소비자 및 환경 단체에서는 생명공학 식품의 안전성을 확보하기 위한 각종 제도적 장치를 마련하라고 정부에 요구하였다. 하지만 정부는 유전자 변형 생물체의 안전성 확보가 제도적으로 마련되기도 전인 2001년 4월에 '유전자 변형 생물체 표시제'를 먼저 실시하였다. 그리고 이제는 유전자 변형 생물체 표시제가 정착 단계에 들어와 있어 소비자들에게 선택권을 부여하고 있다.

아시아 지역에서는 우리나라가 최초로 표시제를 실시하였고 일본보다도 1개월이 앞섰다. 일본도 정부에서 안전성이 확인되어 상업화된 유전자 변형 생물체에만 국한하여 규정에 따라서 표시하도록 되어 있으나 안전성 승인 체제의 미확립으로 표시 대상이 외국처럼 명확하게 구분되지 않았다. 때문에 검출 방법의 개발이나 유전자 변형 생물체 표시 조사 관리가 적지 않은 어려움을 안겨 주고 있다. 현재 유전자 변형 생물체임을 표시한 제품들은 우리나라 시장에서 극소수 볼 수 있으며, 유전자 변형 생물체 표시제를 1998년도에 처음 시작한 EU에서 조차도 실제로 이 표시가 이루어진 경우는 거의 없는 것으로 조사되었다. 일본과 마찬가지로 EU에서도 회원국 내의 안전성 승인을 거친 생명공학 작물을 재료로 한 식품에 대하여 소비자들에게 알 권리를 충족시키는 차원에서 표시하는 것이 원래 표시제의 목적이다.

현재 우리나라를 포함하여 EU, 일본, 호주, 뉴질랜드 등 전 세계 20여 개국이 표시 제도를 시행하고 있으며(그림 7-1), 과학적 검증과 사회적 검증을 병행하여 운영하고 있다. 사회적 검증이란 농산물의 생산 및 유통 과정에서 유전자 변형 생물체 농산물의 혼입 방지를 위해 종자의 구입 · 생산 · 보관 · 운반 · 선별 · 선적 등의 과정에서 구분하여 관리하였음을 제출된 구분 유통 증명서[12] 또는 생산국 정부가 인정하는 이와 동등한 효력이 있는 증명서를 통해 확인하는 방법을 의미한다. 과학적 검증이란 과학적 검사법을 이용하여 정성 및 정량 검사 등을 통해 확인하는 것을 의미한다. 표시 대상 식품을 수입하는 경우 수입 신고서에 유전자 재조합 표시 여부를 기재해야 하며, 표시된 제품은 해당 기관에 통보되어 유통 과정에서 사후 관리하고 있다.

소비자에게 올바른 정보를 제공하여 알고 선택할 권리를 보장한다는 근본 취지는 우리나라 유전자 변형 생물체 표시제 실시에서도 근간이 되고 있다. 그러나 실제로 유전자 변형 생물체를 가장 많이 개발하여 상업화하고 있는 미국의 경우 유전자 변형 생물체 표시제 실시가 소비자에게 자칫 유전자 변형 생물체가 위험한 것이기 때문에 표시를 하는 것이 아니냐는 오해를 불러일으킬 소지가 많음을 이유로 유전자 변형 생물체의 별도 표시

12) 원료 종자의 구입, 생산, 보관, 선별, 운반, 선적 등 전 과정에 걸쳐 최종 제품 공급자 및 판매자, 제조 · 가공업자가 인수하기까지 유전자 조작 농산물과 구분하여 관리하였음을 입증하는 서류

그림 7-1. Bt 옥수수로 만든 콘칩과 FlavrSavr로 만든 토마토퓌레

를 하지 않고 있다. 우리나라도 수입 유전자 변형 생물체의 안전성 확인 체제가 구축되면 유전자 변형 생물체 표시 제도의 시행 정착에 많은 도움이 되리라 기대한다.

1. 우리나라의 유전자 변형 생물체 표시제

- 유전자 변형 생물체 표시 대상

우리나라의 유전자 변형 생물체 표시제는 원료 농산물과 식품을 구분하여 실시하고 있는 것이 특징이다. 그 이유는 농림수산식품부에서 원료 농산물을 관장하고 있고 식품의약품안전청에서는 가공 식품의 표시제를 관장하고 있기 때문이다. 먼저 농산물은 농산물 품질 관리법에 따른 「유전자 변형 농산물 표시 요령」(농림 수산 식품부 고시 제2007-43호)에 의해서 소비자에게 판매를 목적으로 하는 생명공학 농산물에 대하여 구매 정보의 제공을 위해 유전자 변형 생물체임을 표시하도록 규정하고 있다. 이에 따라서 국립농산물품질관리원에서는「유전자 변형 표시 대상 농산물의 시료 수거 및 검정 방법」(농관원 고시, 2001. 1. 30)과「유전자 변형 농산물 표시 조사 실시 요령」(농관원 예규, 2001. 2. 28)을 제정하여 표시제 시행에 따른 조사 업무를 담당하고 있다.

유전자 재조합 식품에 대해서는 식품 위생법 제10조 1항과 생명공학 식품 등의 표시 기준(식약청 고시 제2004-06호 및 제2007-76호)에 따라서 2008년 11월 14일부터 시행 중이다. 표시 대상 식품 또는 식품 첨가물(수입되는 식품 또는 식품 첨가물을 포함)은 식품 위생법 제15조에 따른 안전성 평가 심사 결과 식용으로 수입 또는 생산이 승인된 품목을 주요 원재료로 1가지 이상 사용하여 제조 · 가공한 식품 또는 식품첨가물 중 제조 · 가공 후에도 유전자 재조합 DNA 또는 외래 단백질이 남아 있는 다음 각 호의 어느 하나에 해당하는 식품으로 한다. 표시 대상 식품의 분류는 법 제7조에 따른「식품의 기준 및 규격」과「건강 기능 식품에 관한 법률」제14조에 따른「건강 기능 식품의 기준 및 규격」에 의하며 이 고시는 고시일 2008년 11월 14일부터 시행하고 있다. 다만, 제3조 중 제27 기타 콩, 옥수수, 면화, 유채, 사탕무(이를 싹틔워 기른 콩나물, 새싹 채소 등을 포함)를 주요 원재료로 사용한 식품과 제28 그 밖에 제1호부터 제27호까지의 식품을 주요 원재료로 사용한 식품과 관련하여 새로 추가되는 식품에 대해서는 고시 후 6개월이 경과한 날부터 시행한다고 정의되어 있다(식품의약품안전청 고시 제2007-76호).

– 표시 의무자

우리나라에서 유전자 재조합 식품의 표시 의무자는 표시 대상 품목의 생

표 7-1. 유전자 변형 생물체 표시 대상

	표시를 해야 하는 경우	표시를 하지 않는 경우
농산물	• 식약청이 승인한 모든 유전자 변형 농산물	• 일반 농산물 - 구분 유통 증명서 또는 정부 증명서 제출 * 3% 이하는 비의도적 혼입치로 인정
가공 식품 및 건강 기능 식품	• GM 농산물을 주요 원재료로 사용하여 제조 · 가공한 모든 식품	• 일반 농산물을 사용한 경우, - 구분 유통 증명서 또는 정부 증명서 제출 * 3% 이하는 비의도적 혼입치로 인정 • 유전자 변형 농산물을 사용하였어도, - 유전자 변형 농산물이 원료 함량 상위 5순위에 해당되지 않는 경우 - 최종 제품에 유전자 변형 생물체 성분이 남아 있지 않은 경우 * 간장, 식용유, 당류, 주류(맥주, 위스키, 브랜디, 리큐르, 증류주, 기타 주류 등)

명공학 농산물을 판매하는 자, 식품 제조 · 가공업자, 즉석 판매 제조 · 가공업자, 식품 첨가물 제조업자, 식품 소분업, 유통 전문 판매업자, 수입 판매업자 및 「건강 기능 식품에 관한 법률 시행령」 제2조에 따른 건강 기능 식품 제조업, 건강 기능 식품 수입업 또는 건강 기능 식품 유통 전문 판매업 영업을 하는 자 등이다.

- 유전자 변형 생물체 표시 내용 및 방법

유전자 재조합 식품 등의 표시 방법은 다음과 같다. 유전자 재조합 식품 등의 표시는 지워지지 아니하는 잉크 · 각인 또는 소인 등을 사용하여 소비자가 쉽게 알아볼 수 있도록 당해 제품의 용기 · 포장의 바탕색과 구별되는 색상의 10포인트 이상의 활자로 표시하여야 하며, 소비자가 잘 알아볼 수 있도록 당해 제품의 주 표시 면에 '유전자 재조합 식품' 또는 '유전자 재조합 ○○ 포함 식품' 으로 표시하거나 제품에 사용된 유전자 변형 농수산물

표 7-2. 유전자 변형 생물체 표시 내용 및 방법

구분	내용
표시 내용	• 제품 주 표시 면 '유전자 재조합 식품' 또는 '유전자 재조합 OO 포함 식품' • 원재료명 바로 옆 '유전자 재조합' 또는 '유전자 재조합된 OO' * 유전자 재조합 여부를 확인할 수 없는 경우 '유전자 재조합 OO 포함 가능성 있음'으로 표시
표시 방법	• 용기·포장에 잉크, 각인, 소인 등으로 지워지지 않고 잘 알아볼 수 있게 바탕색과 구별되는 색상의 10포인트 이상 활자로 표시 – 국내 식품 : 포장지에 인쇄 – 수입 식품 : 스티커 처리도 가능하나 떨어지지 않게 부착 • 용기나 포장 없이 판매하는 경우, 별도 게시판 이용하여 표시
위반 시 행정 처분 및 처벌 기준	• 미표시 : 품목 제조 정지 15일 → 1월 → 2월 • 허위 표시 : 품목 제조 정지 1월 → 2월 → 3월 * 수입 단계 확인 결과 신고 내용과 불일치한 경우 표시 보완토록 조치
	• 3년 이하 징역 또는 3천만 원 이하 벌금

의 원재료명 바로 옆에 괄호로 '유전자 재조합' 또는 '유전자 재조합된 ○○'으로 표시하여야 한다. 유전자 재조합 여부를 확인할 수 없는 경우는 당해 제품 주 표시 면에 '유전자 재조합 ○○ 포함 가능성 있음'으로 표시하거나 제품에 사용된 당해 제품 원재료명 바로 옆에 괄호로 '유전자 재조합 ○○ 포함 가능성 있음'으로 표시하도록 규정하고 있다. 미표시 또는 허위 표시 때에는 3개월까지 품목 제조를 정지 시키며 3년 이하 징역 또는 3천만 원 이하 벌금이 부과된다.

우리나라는 유전자 변형 생물체 표시 의무를 면제해 주는 비의도적 혼입 허용치를 3%로 규정하고 있다.

2. 각국의 유전자 변형 생물체 표시제

미국은 식품의약국(FDA), 미농무부(USDA), 환경보호청(EPA) 등의 광범위하고 과학적인 평가 결과 생명공학 농산물은 일반 농산물과 동일하게 안전하다는 입장이다. 표시제 자체가 위험성에 대한 간접적인 시인이라며 표시제에 대하여 강한 반대 입장을 표하고, 별도의 GM 식품 표시 없이 현재의 자발적인 표시제를 그대로 유지한다고 발표한 바 있다.

그러나 우리나라, 일본 등의 주요 곡물 수입국에서 점차 유전자 변형 생물체 표시제 문제가 커다란 사회적 문제가 됨에 따라 미국 정부는 FDA에 유전자 변형 생물체와 일반 생물체를 구분하는 지침을 제정하도록 하였고, USDA에는 유전자 변형 생물체 검정 방법의 개발 등을 지시하였다. 미농무부 산하의 곡물품질관리국(GIPSA)에서는 유전자 변형 생물체 검정 연구실험실을 신설하여 외국에 수출하는 곡물에 유전자 변형 생물체의 포함 유무를 검사하는 사설 기관을 관리하고, 유전자 변형 생물체 검사 키트의 품질 인증 업무를 담당하고 있다.

EU는 1997년부터 유전자 재조합 식품에 대한 의무 표시제를 시행하고 있다. 비의도적 혼입 허용치는 0.9%로 되어 있으나 정확한 확인 방법이 미흡하고 최저 함량과 제외 품목이 설정되어 있지 않아 실제로는 시행이 보류된 상태이다. 최근 EU 집행위는 당초에는 생명공학 식품이었지만 표시제 강화 규정의 대상에 생명공학 사료를 추가시켰다. 최종 산물에 단백질 또는 DNA가 검출이 안 되면 표시 예외에 해당되었으나 새로운 지령은 이러한 예외 규정을 없애고 모든 유전자 변형 생물체를 표시 대상으로 하고 있다.

영국은 1999년 3월부터 표시제 법을 제정하여 식당에서까지 유전자 변형 생물체임을 표시하도록 조치하고, 위반 시 벌칙을 부과하도록 유전자 변형 생물체 표시제를 강화하고 있다.

스위스는 도입된 유전자의 단편을 특이적으로 증폭하는 기술인 중합 효소 연쇄 반응(PCR)을 유전자 변형 생물체 공식 검정 기술로 정하고, 생명공학 식품의 비의도적 혼입 허용치를 1%(종자는 0.5%, 사료는 3%)로 설정하여 2000년 6월부터 시행 중이다.

일본은 농림수산성 고시 제517호(2000년 3월)에 따라서 콩, 옥수수, 감자, 유채, 면화 등의 원료 농산물과 두부, 된장, 콩가루, 옥수수 전분 등의 가공 식품 24품목을 대상으로 2001년 4월부터 의무 표시제를 실시하고 있으며 비의도적 혼입 허용치는 5%로 규정하고 있다. 의무 표시제의 원활한 추진을 위하여 후생 노동성은 '유전자 재조합 기술 응용 식품의 검사 방법'을 제작하여 활용하고 있다. 여기에는 시료 채취 방법, 생명공학 식품별 정성 및 정량 검사 방법 등이 자세하게 기술되어 있다.

호주와 뉴질랜드의 경우 호 · 뉴 식품 기준 위원회(ANZFSC)는 유전자 변형 생물체 원재료가 식품에 들어 있는지를 소비자가 알도록 하자는 취지에서 2001년 12월 7일부터 생명공학 식품의 의무 표시제를 시행하고 있다. 현재는 콩, 옥수수, 감자, 유채, 면화, 사탕무 등의 6종에 대한 안전성 확인이 이루어져 이들이 표시 대상이다. 그러나 앞으로 생명공학 식품의 유통 승인이 증가할지 여부에 따라 표시 대상도 확대할 전망이다.

식품 또는 원재료에 새로운 DNA 또는 단백질이 포함되어 있을 경우에는 '유전자 변형'이라는 표기를 하도록 되어 있는데 이러한 표시는 식품 겉표지에 직접 하거나 포장 속에 넣기도 한다. 그러나 반드시 표기에는 관련 유전자 재조합 식품의 정보가 포함되어야 한다. 포장이 없고 과일, 채소와 같이 더미로 쌓아서 판매되는 경우에도 '유전자 변형'이라는 표시를 하도록 되어 있다. 그러나 바로 먹는 식품 즉 식당이나 이동 차량, 간이음식

점 등에서는 표시를 하지 않는다. 일반 식품 중에 생명공학 식품이 포함될 수 있는 비의도적 혼입 허용치는 1%로 설정되어 있으며, 생명공학 식품의 표시 방법과 검사 방법 등에 관한 자세한 내용은 사용자 설명서에 기술되어 있다.

러시아는 러연방 위생청장의 결의안(1999년 9월)에 의거하여 유전자 변형 생물체가 함유된 식품이나 의약 원료 등을 수입 · 생산하고자 하는 단체, 기업, 개인 등은 원료에 유전자 변형 생물체 함유 여부를 표시하도록 규정(2000년 7월 시행)하고 있다.

유전자 변형 생물체 표시와 관련하여 국제적으로 합의된 분석 방법이나 표시 제도는 없는 실정이다. 국제적인 표시제의 실시에 대해서는 캐나다가 의장국으로 있는 UN의 식품규격위원회의 식품표기분과위원회(The Codex Alimentarius Committee on Food Labelling)에서 1994년부터 의제로 채택하여 다루고 있다.

2002년 5월에 열린 제30차 식품 표기에 관한 코덱스 회의에서는 수출국과 수입국 간의 표기 문제가 쟁점이 되었고, 국제적으로 통용되는 의무 표시제의 실시는 미국, 캐나다 등의 수출국 반대로 합의를 이루지 못했다. 또한 유전자 변형 생물체 표시제와 관련하여 코덱스 생명 공학 기술 응용 식품에 관한 정부 간 특별 작업반 회의가 일본을 의장국으로 하여 2000년부터 매년 개최되고 있으며, 독일을 의장국으로 하는 실무 그룹 회의가 결성되어 국제적으로 표준화할 수 있는 유전자 변형 생물체 검사 방법의 개발에 대하여 활발하게 논의가 진행되고 있다.

2002년 3월 일본에서 제3차 코덱스 생명공학 기술 응용 식품에 관한 정부 간 특별 작업반 회의가 개최되었고 2003년 9월에 바이오 안전성 의정서(Cartagena Protocol on Biosafety to the Convention on Biological Diversity)가 국제 규약으로 발효되었다. 이 의정서의 제18조 2항에는 종자

표 7-3. 주요 국가의 유전자 재조합 식품의 표시 관리 비교

내용 \ 국가	한국	일본	유럽연합	미국
표시 근거	검사 가능	검사 가능	원료 사용	미표시
비의도적 혼입치	〈 3%	〈 5%	〈 0.9%	-
표시 대상	- 유전자 변형 생물체 성분이 남아 있는 식품 - 원료 함량 상위 5순위 이내	- 유전자 변형 생물체 성분이 남아 있는 식품 - 원료 함량 상위 3순위 이내, 5% 이상	모든 식품	- 기존 식품과 영양성, 알레르기성 등이 차이나는 식품
사후 관리 방법	서류 확인 및 분석 검사	서류 확인 및 분석 검사	이력 추적제	-

* GMO 식품 표시제는 각국의 식량 수급 환경, 국민 정서 등에 따라 관리

용, 식용, 실험용 유전자 변형 농산물을 수출하려면 반드시 이를 명기할 것을 담고 있어 유전자 변형 생물체 표기를 규정한 국제 규범이다.

3. 공인 검사 방법

생명공학 작물 검정 방법 중 현재 가장 많이 이용되고 있는 것은 효소 면역학적 방법(Enzyme Linked ImmunoSorbent Assay, ELISA)과 PCR(Polymerase Chain Reaction)법으로 크게 나눌 수 있다. 그리고 생명공학 작물의 경우에는 제초제 처리 등에 의한 생물학적 검정 방법도 적용할 수 있다.

가. 효소 면역학적(ELISA) 방법

효소 면역학적 방법은 생명공학 작물에 도입된 유용 유전자에 의해 생산

되는 단백질을 특이적으로 인지하는 항체 단백질을 이용하는 검정 방법이다. 검출 대상 단백질이 존재하는 생명공학 작물과 농산물 및 원료 등 비가공 식품을 검정하는데 적합하다. 생명공학 작물이나 동일 식물체라도 조직이나 기관에 따라 이식 유전자의 단백질 발현 양이 달라질 수 있으므로 이식 유전자의 단백질이 발현되지 않는 조직 혹은 기관의 경우에는 검정이 곤란하다.

ELISA법을 이용한 기술로는 생명공학 작물 혼입 유무만을 검정하는 Lateral Flow Strip Technology[13]와 정량적으로 분석 가능한 Microtiter Well Assay법이 있다.

또한 일반적인 효소 면역학적 분석의 정밀도는 통계적으로 실질적인 반응성에서 5% 미만, 분석에 의해 산출된 농도에서 10% 미만으로 총 15% 이하의 변이 정도를 가진다. 따라서 1% 생명공학 작물을 분석한 실측치는 0.8~1.2% 범위를 나타낼 수 있으므로 ELISA를 이용한 생명공학 작물 정량 분석을 실시할 때에는 비의도적 혼입 허용치에 대한 분석 오차 범위에 대한 검토가 이뤄져야 할 것이다.

최근에는 미국의 곡물화학협회(American Association of Cereal Chemists, AACC) 주관으로 몬산토사가 개발한 해충 저항성 옥수수 Mon810을 벨기에 표준물질연구소(Institute for Reference Materials and Measurements, IRMM)에서 검증 하였다. 0, 0.5, 1, 2%로 제조한 공인 표준 시료(Certified Reference Material, CRM)와 캐나다 POS Saskatoon에서 0.3, 0.75, 1, 1.25%로 제조한 시료로 전 세계 20개국 40개 실험실이 참여한 가운데 ELISA 국제 인증 협동 검증이 이루어졌다. 우리나라에서도 농

13) 유전자 재조합 생물체 내에 새롭게 도입된 유전자가 생산하는 재조합 단백질을, 항원 단백질로 인지하여 반응하도록 한 항체 단백질을 검사용 strip에 결합시켜 항원-항체 반응을 이용한 진단 기법으로 GMO/Non GMO 여부를 확인하는 정성분석용 기술로 사용됨

업과학기술원과 식품의약품안전청이 참여하였다. 그 결과 ELISA의 정확도는 96.7~100%, 반복성 6.56~18.4%(RSD), 재현성 13.8~23.5%(RSD)로 나타났다.

나. 중합 효소 연쇄 반응(PCR) 방법

생명공학 작물 검정에 널리 이용되고 있는 방법은 중합 효소 연쇄 반응(PCR) 기술이다. PCR 기술은 1971년 Kleppe와 Khorana(J Mol Biol 56:341)가 이론적 근거를 제시하였고 1985년 Mullis 등(Science 230: 1350)이 이를 실험에 응용하였다. 이후 PCR 기술은 분자 생물학 분야와 생물 의학 분야에 일대 혁명을 일으켰다. 화학 성분이나 고열에 견딜 수 있는 DNA의 특성과 PCR 방법의 감도, 기술의 단순성 때문에 PCR과 관련한 실험에 대한 지식과 경험이 그동안 매우 깊이 축적되어 왔다. 더욱이 PCR 기술의 자동화와 함께 거의 모든 검정 기술에 이러한 PCR 기술이 압도적으로 이용되고 있다.

PCR 검정법은 생명공학 작물에 도입된 유전자 조절 부위 또는 도입 유전자의 단편을 특이적으로 증폭하는 기술로, 원료 농산물은 물론 가공품에서도 검정이 가능하며 0.01%까지 검정할 수 있다. PCR법을 생명공학 작물 검정에 적용할 경우 가장 문제가 되는 것은 도입 유전자에 대한 유전 정보의 확보이며 이러한 유전 정보는 생명공학 작물 개발 회사의 자발적인 협조 없이는 어려운 실정이다. 더욱이 동일한 유전자, 예를 들어 해충 저항성 유전자인 CryIA(b)를 도입하더라도 개발 회사에 따라 그 염기 서열이 조금씩 변형된 경우가 많아 프라이머의 개발은 더욱 검정이 어려운 실정이다.

따라서 생명공학 작물 검정에 필요한 유전 정보에 대한 데이터 베이스화 및 국내외 연구 기관과의 정보 공유가 무엇보다 필요하다. 일반적으로 PCR 검정에 가장 많이 이용되는 부위인 프라이머는 콜리플라워 모자이크

바이러스(CaMV)의 35S 프로모터로, 생명공학 작물 혼입 유무를 검정하는 1차적 스크린에 이용 가능하다. 그러나 이 바이러스는 자연계에 존재하므로 생명공학 작물이 아닌 경우에도 양성 반응을 나타낼 수 있다. 따라서 이 부위를 정확하게 검정할 수 있는 특이 프라이머의 개발과 특이성을 확인하는 것이 중요하다.

PCR 검정에서 고려해야 할 사항으로는 시료 간의 교차 오염이나 PCR 산물의 오염에 의한 의사 양성(False Negative) 반응, DNA 추출 과정에서 PCR 증폭 저해 물질의 오염 또는 DNA의 분해 등에 의한 의사 음성 반응, 프라이머의 특이성, 검출 감도, 재현성, 정확도 등이 있다.

PCR 스크린법의 검증 사례로는 유럽의 조인트리서치센터(Joint Research Center, JRC)를 주축으로 EU의 13 회원국, 29개 연구실이 참여한 35S 프로모터 특이 프라이머와 Nos 터미네이터 특이 프라이머를 이용한 PCR 검정 Ring Study가 있다. 협동 연구의 분석 시료는 IRMM에서 제공한 몬산토사의 제초제 저항성 콩 Roundup Ready Soybean(RRS)과 노바티스사의 해충 저항성 옥수수 Maximizer(Bt176)의 각각을 0, 0.1, 0.5, 2% 혼입한 생명공학 작물 시료 16점이 있다. 35S 프로모터 특이 프라이머를 이용한 PCR 스크린에서 RRS은 0.5% 포함되었을 때부터 검정이 가능했고, Bt 176은 2%부터 100% 검정이 가능한 것으로 나타났다. Nos 터미네이터 특이 프라이머를 이용한 PCR 스크린은 RRS의 경우 2% 이상 포함되었을 때 100%의 정확도를 나타내었다.

현재까지 EU 등의 여러 나라에서 유전자 변형 생물체 표시제가 법으로 규정되어 있으나, 국제적으로 인정된 검정 방법은 없고 각국이 개발하여 사용하고 있다. EU의 경우 European Commission내의 CRL(http://gmo-crl.jrc.ec.europa.eu/statusofdoss.htm)에서 공인된 방법을 제시하여 이를 이용하고 있다.

표 7-4. 생명 공학 작물 분석 방법별 소요 시간 및 장단점

분석 방법	소요 시간	장 · 단점
정성 분석 Lateral Strip Flow Test Kit	(계 : 20분) 시료 분쇄 : 10분 Strip Test : 10분	(장점) • 검정 시간이 빠름 (단점) • 검정 결과가 정확하지 않음 • 정량이 불가능함
특이 프라이머 이용 PCR	(계 : 13시간) 시료 분쇄 : 30분 DNA 분리 : 3시간 30분 DNA 정체 및 정량 : 3시간 PCR : 2시간 전기영동 : 3시간 결과 분석 : 1시간	(장점) • GM 작물의 혼입 여부를 정성적으로 검출 (단점) • 정량이 불가능함 • Strip Test보다 시간이 더 소요
정량 분석 실시간 PCR	(계 : 18시간 30분) 시료 분쇄 : 30분 DNA 정밀 분리 : 4시간 DNA 정제 및 정량 : 3시간 RT-PCR 반응 준비 : 2시간 RT-PCR : 5시간 결과 분석 : 4시간	(장점) • GM 농산물 혼입을 정량적으로 확인 • 표준물질 없이 정량 가능 (단점) • 시간이 많이 소요 • 숙련된 기술을 요함 • 고가의 장비와 시약 필요

독일의 경우 형질 전환 감자, 발효 소시지용 형질 전환 미생물, 야쿠르트 등을 검정하는 방법이 생명공학 식품을 검정하는 공식적인 검정 방법으로 알려져 있다. 이러한 검정 기술은 1997년 독일의 식품법 제35조에 공식 방법들 중의 하나로 명시되어 있다. 이 법에는 대학 연구소, 사설 연구소, 정부의 식품 감독 기관에서 합동으로 생산한 검정 시험 결과도 포함시키도록 되어 있다.

최근 일본에서 개최된 생명 공학 식품에 관한 코덱스 특별 작업반 회의에서는 이러한 생명공학 제품 검정 방법에 대하여 국제적으로 공감대를 형성할 수 있도록 유전자 변형 생물체 분석 방법을 개발하여 각국에 적용하

자는 의견도 제기되었다.

생명공학 농산물의 표시제와 관련하여 우리나라, EU에서는 생명공학 곡물이 수입될 때, 개발 회사가 이식한 유전자의 염기 서열 정보와 표준 시료, 단백질 검정용 항체 및 항원 등의 관련 자료를 반드시 첨부하도록 하고 있다.

스위스는 EU 회원국은 아니지만 EU의 표시제 지령에 기초하여 유전자 변형 생물체 함유 1% 이상의 식품에 대해서 의무적으로 표시하도록 결정한 바 있다. 영국에서는 표시제 시행과 관련하여 농수산식품부(MAFF) 산하 중앙 과학 실험실(Central Science Laboratory)이 유전자 변형 생물체 검정 공인 기관(UK Accreditation Service)으로 지정되어 유전자 변형 생물체의 정성 및 정량 분석을 실시하고 있다. EU협동연구소(Joint Research Center) 중의 하나인 과학표준연구소(Institute for Reference Materials and Measurements, IRMM)에서는 생명공학 콩 및 옥수수의 표준 시료를 생산하고 있다.

우리나라에서는 콩, 콩나물, 옥수수, 카놀라, 면화 등을 정성 · 정량적으로 분석할 수 있는 검사법을 식품 의약품 안전청 바이오 식품 팀과 농림 수산 식품부 산하 국립 농산물 품질 관리원에서 개발하여 공식적인 국내 유전자 변형 생물체 또는 가공 식품 검사 표준 방법으로 표시제 조사 실무에 적용하고 있다.

유전자 변형 생물체 검사에 가장 많이 이용되는 방법은 중합 효소 연쇄 반응(PCR)이다. 이 검정법은 유전자 변형 생물체에 도입된 유전자의 조절 부위나 도입 유전자의 단편을 특이적으로 증폭하는 기술이다. 따라서 아무리 적은 양의 DNA라도 짧은 시간에 다량 복제시켜 그 성질을 검사해 낼 수 있는 것이다. 이 방법을 이용하면 쌀, 콩과 같은 원료 농산물은 물론이고 두부나 된장 같은 가공 식품에서도 감정이 가능하다.

최근에는 생명공학 작물의 단백질에 반응하는 항체를 이용하여 유전자 변형 생물체 포함 여부를 검정할 수 있는 간이 검사 기구가 개발되어 시판 중이다. 이러한 단백질 검정법 간이 검사 기구는 현재 제초제 저항성 콩과 Bt 단백질이 도입된 옥수수의 혼입 여부를 검정하는 목적으로 매우 유용하게 사용될 수 있으며 곡물 저장고나 시험 포장 등 현장에서 매우 짧은 시간 내에 검정할 수 있는 장점이 있다.

DNA를 이용한 방법이든지 단백질을 이용한 방법이든지 중요한 것은 국제적으로 수용될 수 있는 과학적이고 통계적 방법에 근거한 샘플링 방법의 개발이다. 유전자 변형 생물체 검사의 원활한 수행을 위해서는 표준 시료의 확보가 매우 중요하다. 여기에는 새롭게 개발되어 상용화되고 있는 모든 생명공학 작물에 대해 이식된 유전자의 염기 서열 정보와 항체 등이 포함된다. 이러한 유전자 정보 및 표준 시료 확보는 개발자의 자발적인 협조 없이는 매우 불가능한 일이어서 이러한 유전자 정보를 확보할 수 있는 데이터 베이스의 구축과 정보 공유 체제 확립 등이 필요하다.

유전자 변형 생물체의 의무 표시제 시행에 따라서 수입 업체 또는 판매 업체는 검사 시설을 마련하여 자체적으로 유전자 변형 생물체 혼입 유무와 혼입량 등을 검사하기도 하고, 전문적으로 수행하는 업체나 기존의 연구소에 유전자 변형 생물체 검사 기능을 추가하는 형태로 유전자 변형 생물체 검사가 이루어지고 있다. 현재 국내에서 유전자 변형 생물체 검사를 수행하는 정부 출연 기관과 연구소로는 한국 식품 연구원, 한국 소비자원, 한국 보건 산업 진흥원, 한국 생활 용품 시험 연구소 등이 있으며 민간 업체로는 한국 유전자 검사 센터, 코젠바이오텍, GD바이오텍, 넥스젠 등이 있다. 이들 업체에서는 정성 및 정량용 PCR 장비를 갖추고 수요자의 요구에 따라서 유전자 변형 생물체의 혼입 유무와 혼입량을 검사하거나 자체적으로 개발한 유전자 변형 생물체 검사 키트를 판매하고 있다.

유전자 변형 농산물 표시의 본래 목적은 소비자의 알 권리를 충족시키자는데 있으나 이를 마치 식품으로서 안전하지 않기 때문에 표시를 하여 구분하자는 것으로 잘못 이해하고 있는 경우가 많다. GM 농산물의 잠재적 위해성을 우려하는 시각도 있지만 현재까지 이들 유전자 변형 농산물의 위해성을 밝힌 연구 결과는 대부분 재현성이 입증되지 않은 일부 결과에 불과하며 과학적인 개연성으로 보아 이들 유전자 변형 농산물은 안전하다는 것이 과학자들의 일반적인 견해이다. 더욱이 현재 선진국에 의해 개발되어 상용화되고 있는 유전자 변형 농산물은 이미 관련 감독 기관의 철저한 안전성 확인 심사를 거쳐 안전성이 확인이 된 것들이다. 따라서 유전자 변형 농산물의 안전성을 최우선으로 하며 이들 농산물이 지닌 여러 가지 장점을 살리고 활용할 수 있는 기반을 조성할 수 있도록 정부나 국민 모두 균형적인 시각을 가지는 것이 무엇보다 중요하다.

8

생명공학 작물의
안전성 논란과 과학적 사실

생명공학 작물이 농민에 의해서 재배되면서 경제적으로는 매우 큰 긍정적 효과를 나타내고 있으나 사회적으로는 안전성을 우려하는 목소리도 높다. 식품으로 먹을 경우에 우리 몸에 나쁜 영향을 미칠 수 있다거나(인체 안전성), 인위적으로 식물체에 넣은 유전자(DNA)가 생태계로 옮겨 가서 원하지 않는 새로운 생물종이 나타난다거나, 다시는 없앨 수도 없는 슈퍼잡초가 생길 수 있기 때문에(환경 위해성) 생명공학 생물체를 개발하는 연구나 농사를 짓는 것도 금지하여야 한다고 주장하는 사람이나 단체도 있다. 그렇다면 우리에게 전달되는 이러한 정보들은 과연 얼마만큼의 과학적 근거를 가지고 있는 것일까? 지금까지 생명공학 식품이나 농작물이 우리에게 해롭다고 중요하게 보도된 사실들을 중심으로 과학적 실체를 알아본다.

1. 인체 안전성 논란 내용과 과학적 사실

생명공학 생물체 개발 기술이 급속히 발달하고 우리의 식탁에 올라오면서 생명공학 식품이 우리 몸에 혹시라도 나쁜 영향을 미치지 않을까 하는 안전성에 대한 논란이 제기되어 왔다. 논란이 되었던 중요한 보도 사례들을 예로 들어 과학적 사실을 분석하여 본다.

가. 푸스타이 박사 사건

1998년 8월 10일(월)에 영국 로웨트 연구소(Rowett Institute, Scotland)의 푸스타이 박사가 TV에 출연하여 유전자 변형 식품의 안전성을 토론하다가 잭콩(jackbean)의 렉틴 유전자를 삽입한 유전자 변형 감자를 먹은 실험용 흰쥐(rat)의 간, 비장 및 흉선 등 면역 형성에 관여하는 장기가 심하게 손상됐다고 주장하였다. 푸스타이 박사는 이 감자를 흰쥐 5마리에게 110일간 먹인(사람의 10년간에 상당) 결과, 잭콩 유래 유전자를 삽입한 유전자 변형 감자를 투여한 흰쥐에서 경도의 발육 부진과 면역 기능 억제가 관찰되었으며, 아네모네 유래 유전자를 삽입한 감자를 먹인 흰쥐에서는 이러한 영향은 볼 수 없었다고 밝혔다.

논란이 일자 1998년 10월 로웨트 연구소는 청문 위원회(Audit committee)를 구성하여 푸스타이 박사의 연구 결과를 검증하고 푸스타이 박사의 결론이 잘못되었다고 발표하였다. 전문가들이 자세히 조사한 결과 실험용 쥐의 장기 중량에 차이가 있었다고 한 주장에 대하여 체중에 대한 장기 중량의 변화 표시가 되지 않았으며, 렉틴 유전자를 삽입한 유전자 변형 감자를 먹인 흰쥐와 렉틴 그 자체를 감자에 뿌려 먹인 흰쥐를 비교했을 경우, 두 집단의 흰쥐의 성장에 차이는 볼 수 없었고, 유전자 변형 감자와 보통 감자를 먹인 두 종류 쥐의 생장량에 통계적 유의차가 없었다. 면역계

시험에 있어서는 충분한 검사가 이루어지지 않아 생물학적으로나 통계적으로 유의차를 인정할 수 없었다. 이 유전자 변형 감자는 토양 선충이 덤비지 못하게 하는 물질인 렉틴이 포함되어 있어 이것을 섭취한 쥐가 나쁜 영향을 받을 수도 있을 것이라고 추정할 수도 있었으나 실제 실험 결과에는 차이가 없었다. 이렇게 불완전한 실험 결과를 승인 없이 발표한 이유로 그는 Rowett 연구소를 떠나야 했다.

또한 1999년 6월 영국 왕립 협회(The Royal Society)도 관련 자료를 검토하여 푸스타이 박사의 연구는 여러 가지 측면에서 잘못이 있어 발표 내용과 같은 결론을 이끌어 낼 수 없다고 판정했다. 푸스타이 박사는 언론에 내용을 공개하고도 그의 연구는 연구소 내부 보고서이므로 외부에서 연구 내용을 검증하는 것은 적절하지 않다는 의견을 왕립 협회에 보내기도 하였다.

그 후 푸스타이 박사는 1999년 10월에 학술지인 란셋(Lancet)에 렉틴 유전자가 삽입된 감자가 쥐(rat)의 장기와 면역 체계에 영향을 미친다는 또 다른 연구 결과를 논문으로 발표하였으나, 많은 과학자들이 논문의 결과가 적절하지 않다고 의문을 제기하였다. 이에 대하여 란셋의 편집자는 이 논문의 게재 목적은 과학자, 언론, 일반 대중 사이에 유전자 재조합 식품에 대한 논의를 보다 활발하게 해 보자는 것이었으며 실험의 설계나 분석에 대해 불충분한 점이 많다는 점을 전제로 게재하였다.

이 실험에서는 유전자 변형 감자, 일반 감자 및 일반 감자에 삽입 유전자가 만든 렉틴을 첨가한 것을 각각 날 감자와 데친 감자 상태로 6종류의 먹이를 만들어 흰쥐에게 먹였다. 여기에서도 재조합 감자의 먹이에 의해 흰쥐의 일부 장기나 면역계에의 영향을 지적하였으나 이 영향이 단백질이 부족한 먹이에 의한 스트레스나, 감자의 품종이나 먹이의 저소화성에 의한다고도 생각할 수 있어 이러한 결론은 낼 수 없다는 의견도 게재되고 있다 (http://www.biotech-info.net/GM_food_debate.html).

푸스타이 박사가 실험에 사용한 생명공학 감자는 학문적인 용도로 유전자 변형 되었을 뿐 과거에도 상업화된 적이 없으며, 현재에도 상업화되지 않은 것이다. 또한 렉틴은 콩에도 존재하는 성분으로 영양소의 작용을 억제하는 항영양소이기 때문에 인간에도 좋지 못하여 콩에서도 그 함량을 줄이려는 노력이 계속되고 있는 성분이다. 이 사례는 인간이 섭취하지 않는 유전자 변형 생물체를 연구 대상으로 하여 안전성에 문제가 있다고 주장한 대표적인 사례이며 그 연구 결과도 타당성을 인정받지 못하고 있다.

이는 생명공학 작물의 안전성에 대한 논란의 불을 지핀 최초의 사건으로 지금도 끊임없이 인용되고 있다. 잘못된 보도가 어떤 영향을 미치는지를 보여주는 대표적인 사례이다.

나. 스타링크 옥수수 사건

2001년에 우리나라 및 일본에 수입되었다가 반송된 유전자 변형 옥수수 '스타링크(StarLink)' 는 생명공학 기술을 이용하여 이식한 유전자가 만드는 살충성 Bt 단백질이 사람의 소화 효소인 펩신(pepsin)에 의해 분해 되는 시간이 약간 길어서 식용이 아닌 가축 사료로 사용하도록 승인 받았었다. 보통의 단백질이 소화 효소에 의해 분해되는 시간이 약 2분 정도라면 스타링크의 살충성 단백질은 약 3분 정도 걸리기 때문에 혹시 사람이 먹었을 때 알레르기를 일으킬 가능성이 있다고 사료로만 사용하도록 한 것이었다. 그런데 유통 과정에서 일부가 식용 옥수수에 혼입되어 멕시코식 레스토랑에서 타코 껍질을 만드는데 사용되어 한바탕 소동이 일었었다. 이 사건도 과학적으로 검토하고 안전성이 확인된 사료용 옥수수가 유통 과정에서 일부 혼입된 관리상의 문제임에도 불구하고 마치 유전자 변형 생물체가 우리 몸에 해롭기 때문에 일어난 사건으로 인식되고 있는 대표적인 경우이다. 이 사건은 주로 공업용으로 사용되는 낮은 등급의 우지(牛脂)가 라면에 사용돼 큰 물의를 빚은 사건처럼 유통상의 문제점을 드러낸 것으로 유전자 변형 식품 자체의 안전성 여부와는 무관하다. 오히려 이를 사료용으로 분류한 안전성 검사의 신뢰도가 입증됐다.

다. 호주의 바구미 사건

2005년 호주의 연구기관 CSIRO 연구팀은 바구미(weevil)에 저항력이 높은 완두콩(pea)을 개발하기 위해 일반 콩(bean)의 소화 효소 저해 단백질(α-amylase inhibitor) 유전자를 완두콩에 삽입하여 유전자 변형 완두콩을 만들었다. 이 유전자는 일반 콩에는 존재하나 완두콩에는 존재하지 않으며, 이 유전자에서 발현되는 효소 저해 단백질은 콩을 갉아먹는 바구미가 소화 불량에 걸리기 때문에 콩에 해를 입히기 전에 바구미가 굶어 죽도록 한다.

생명공학 완두콩의 안전성을 평가하기 위한 동물 실험을 실시한 결과 쥐에서 면역 반응이 일어난 것을 확인하였다. CSIRO는 개발한 생명공학 완두콩이 면역 반응성을 보이기 때문에 2005년 연구를 중단하게 되었다. 이 생명공학 완두콩은 연구 개발 단계에 있던 제품으로 호주 정부의 승인을 받아 상업적으로 재배된 적이 없어 사람이 섭취한 적은 없다. 이 사례도 안전성이 문제가 있는 생명공학 작물은 상업화에 이르지 못한다는 것을 잘 보여 주고 있다.

브라질너트(Brazil Nut) 사건도 있었다. 콩은 황이 들어있는 필수 아미노산 함량이 적어 영양학적 가치가 떨어진다. 이 때문에 콩을 사료용으로 쓰려면 필수 아미노산을 강화해야 한다. 세계적 종자 회사인 미국 파이어니어 하이브리드사는 1996년 브라질너트의 2S 알부민 유전자를 이식해 필수 아미노산인 메티오닌과 시스틴을 강화한 유전자 변형 콩을 개발했다.

그러나 브라질너트의 알레르기가 바로 이 유전자가 만드는 단백질에 의한 것으로 밝혀짐에 따라 100만 달러의 연구비를 날린 채 연구를 중단했다. 자연 상태의 브라질너트에 의한 알레르기 유발 사례는 많지만 그 유전자를 이용한 유전자 변형 콩은 도중에 개발이 중단됐기 때문에 알레르기를 일으킬 기회가 없었다.

라. 에르마코바 사건

러시아 과학아카데미 고등 신경 행동 및 신경 생리학 연구소의 이리나 에르마코바(Irina Ermakova) 박사가 2005년 10월 러시아 비정부 단체의 유전자 재조합 심포지엄에서 쥐(rat)를 대상으로 한 실험에서 생명공학 콩을 먹은 경우가 일반 콩을 먹은 경우에 비해 생후 3주 안에 사망률이 6배 높았고 일부는 저체중 상태를 보인다고 발표하였으며, 이를 영국의 언론 등이 보도하였다.

영국 식품 기준청(FSA)의 The Advisory Committee on Novel Foods and Processes(ACNFP)는 에르마코바 박사의 연구 결과의 부적절성을 지적하는 성명서를 2005년 12월 발표하였다. 이처럼 에르마코바 박사의 연구 결과는 학술 논문으로 발표되지 않았으며, 같은 분야의 전문가의 검증을 거치지 않아 신뢰할 수 없다. 반면 쥐(mouse)에 대해 4세대에 걸친 생명공학 콩의 영향에 대한 실험에서 생명공학 콩이 쥐의 사망률이나 성장에 영향을 주지 않는다는 것이 2004년 공식 논문으로 발표된 적이 있다.

마. 인도의 양 떼죽음 보도 사건

KBS는 생명공학 면화를 먹은 인도의 양과 염소가 괴사한 것을 방영한 바 있다. 생명공학 면화가 양과 염소에게 영향을 미친다면 분명 10년 안에 이걸 먹는 10대 아이들이 괴사할 위험이 크다. 지금 열 살 정도 되는 아이가 식용유를 계속 먹는다면 10년 뒤엔 발병할 가능성이 높다.

그림 8-1. 인도 와랭갈 지역 목부들과 기념 촬영

KBS에서 방영한 내용은 해충에 저항성을 가진 유전자 변형 Bt 면화를 먹은 인도의 안드라프라데시(Andhra Pradesh) 지역의 양과 염소가 죽었다는 것이다. 그러나 앞의 사례 1의 '나'에서 살펴본 것처럼 Bt 단백질은 특정 곤충에는 작용할 수 있지만 양이나 염소에는 작용하지 않는다. 만약 생명공학 면화 때문에 양과 염소가 괴사하였다면 생명공학 면화를 키우는 다른 지역 혹은 다른 나라에서도 같은 사례가 발생하였을 것이다. 그러나 생명공학 면화를 재배하는 중국, 호주, 브라질, 아르헨티나, 미국 등 다른 나라와 인도의 다른 지역에서는 유사한 사례가 발생하였다는 보고는 없다.

인도의 규제 기관인 유전공학승인위원회는 "어떠한 연구 보고서나 분석으로도 인도 안드라프라데시 지역의 양, 염소 죽음의 원인이 생명공학 면화라고 결론지을 수 없다."라는 의견을 밝혔으며, 인도 안드라프라데시의 Principal Farm Secretary인 CVSK Sharma는 2007년 4월 4일 "과학자들은 이미 양, 염소의 죽음이 생명공학 면화 때문이 아니라는 점을 확인했기 때문에 안드라프라데시에서의 생명공학 면화 금지에 대한 문제는 제기되지 않는다"라는 점을 인도 언론에 명확히 밝혔다. 양이나 염소의 죽음의 원인으로 잔류 농약, 질산염 과다 등이 거론되었으나 아직까지 정확히 규명되지는 않았다. 인도에서는 2007년에 6백2십만 ha(전체 면화 재배 면적의 66%)의 면적에 유전자 변형 면화가 재배되었는데 만약 생명공학 면화가 위험하다면 이렇게 넓은 면적에서 재배되지 않았을 것이다.

2008년 6월 한국소비자연맹 간부, 중앙일보 기자 및 생명공학자로 구성된 방문단이 현지 안드라프라데시 지역 와랭갈 지역을 방문하여 목부들을 만나 사실 확인을 시도하였다. 양이나 염소가 떼죽음당한 사례는 없을 뿐 아니라 생명공학 목화는 농약을 치지 않기 때문에 목화가 더 깨끗하여 목부도 양들도 좋아한다고 하였다. 보도된 바와 같은 말라서 누렇게 된 목화 잎이나 줄기는 양도 염소도 먹지 않는다는 답변을 들었다.

2. 환경 안전성 논란 내용과 과학적 사실

유전자 변형 작물이 자연 생태 환경에 미칠 수 있는 요인들 중 주로 다음과 같은 것들이 쟁점으로 논의되고 있다. 먼저 유전자가 주변의 야생 식물로 옮겨가서 예측치 못한 새로운 종류의 슈퍼 잡초가 출현할 가능성이 많다는 주장이다. 유전자 변형 생물체가 생태계에 영향을 미칠 수 있다는 주장들이 사건화 된 적이 없어 신문 등 대중 매체에 보도된 사례는 많지 않으므로 지금까지 거론된 많은 주장 중에서 중요한 내용을 중심으로 그것들의 과학적 사실을 알아본다.

가. 슈퍼 잡초 발생설

유전자 변형 작물이 보통 작물에 비하여 생존력이 강하므로 미래에는 유전자 변형 작물만이 살아남아 슈퍼 잡초가 생길 것이라는 우려가 제기되었다. 이 주장이 사실인지를 알아보기 위해 영국에서 10년간 4가지 유전자 변형 작물을 가지고 실험한 결과가 2001년 학술지 Nature에 발표되어 이 주장이 근거 없음을 증명하였다. 영국의 과학자들이 제초제 내성 및 해충 저항성 유전자가 이식된 감자, 유채, 옥수수, 그리고 사탕수수 등을 12개 지역에서 재배하여 새로운 잡초의 출현, 겨울나기(월동성) 및 생존력 등을 조사하였더니 보통 작물과의 차이점을 발견할 수 없었고, 주변의 야생 다년생 식물과의 생존 경쟁에도 매우 약하여 4년 후에는 완전히 사라졌다고 보고하여 유전자 변형 농산물의 재배와 국제 교역을 강하게 반대하던 영국 등 유럽 국가들의 입장을 곤란하게 만들었다. 보통의 작물이나 유전자 변형 작물이나 모두 인간의 관리와 보호를 벗어나서는 살아갈 수 없는 것이다.

유전자 변형 작물로부터 주변의 잡초성 식물로 내성 꽃가루(유전자)가 이동하여 제초제 저항성 잡초가 생길 수 있다는 주장도 있다. 일반적으로 작물을 재배 할 때 유전자가 부근의 야생 식물로 이동하는지는 관심이 없었으나 유전학적인 면에서 보면 근연 야생종으로 유전자가 이동 할 수는 있다. 그러나 전통 교배 육종에서조차 서로 다른 종류의 식물 간에 인공 교배 성공률이 극히 낮은 점을 감안한다면 유전자 변형 작물과 주변의 야생 식물 간의 우연한 교배의 경우도 매우 희귀할 것으로 예측된다. 만약 그러한 경우가 발생한다고 해도 자연환경에다 제초제를 뿌려 대지 않는다면 일반 식물은 다 죽고 제초제 저항성 잡종만이 살아남을 수는 없는 것이다.

제초제 내성 잡초의 출현을 우려하는 주장 역시 과학적으로 검토하여 보면 무리가 많다. 제초제 내성 유전자들은 각각 하나의 제초제 성분에만 저항성을 나타내므로 제초제 내성 유전자 변형 작물이 잡초화 되거나 제초제 내성 잡초가 출현하여도 또 다른 종류의 제초제를 살포하면 모두 죽게 된다. 해당 제초제를 더 이상 사용하지 않는다면 제초제 내성 잡초가 생길 것이라는 걱정도 문제가 되지 않는다. 유전자 이동에 의하여 생물 다양성을 해칠 수 있다는 주장은 식물의 원산지 국가이거나 유전적 다양성의 중심지에 있는 국가에서 특히 관심이 많은 논쟁이다. 그러나 일반적으로 작물은 인간의 보호를 벗어나서는 살아갈 수 없고 이들 작물이 재배되는 농경지는 인간에 의해 철저히 통제되므로 실제의 자연환경과는 많은 차이가 있다. 논이나 밭이 아닌 산이나 들에서 사람이 키우지 않는 벼나 콩이 스스로 자라고 있는 것을 본 사람이 있을까?

나. 야생 제왕나비 애벌레 살해 사건

미생물(*Bacillus thuringiensis*)로부터 분리한 Bt라는 독소 유전자(Bt 유전자)를 이용하여 해충 저항성인 옥수수와 목화 등 유전자 변형 작물을 개발하여 재배하고 있다. 밭에서 재배되는 유전자 변형 해충 저항성 작물이 해충이 아닌 비표적 곤충(non-target organism)을 뜻하지 않게 해칠 수 있다는 주장이 있었고 한때는 이를 증명하는 실험 결과도 제시되어 논란을 일으킨 경우가 있었다. Bt 독소 유전자의 단백질은 소화기 장내의 산성도(pH)가 중성 내지 알칼리성인 나비목 곤충의 소화기 장내 상피 세포의 삼투 조절 능력을 방해하여 죽임으로서 소화기 장내 산도가 강산성인 사람에게는 해가 없는 것이기 때문에 일찍이 생물 농약으로 승인되어 시판되고 있는 것이다.

그런데 옥수수 해충인 조명나방을 방제하기 위하여 미국에서 해충 저항성 유전자 변형 옥수수 재배 면적이 증가하면서부터 밭 주변에 있는 잡초 milkweed를 먹고 자라는 제왕나비(monarch butterfly)의 애벌레가 엉뚱하게 피해를 입을 수 있다는 논란이 촉발되었다.

최초의 실험이 미국 코넬대학에서 수행되어 발표되었는데 제왕나비 애벌레가 자라기에 부적합한 실험실 내에서 옥수수 꽃가루를 급식한 실험이었기 때문에 논란만 더 일어났고 연구를 수행한 교수도 실험 조건이 부적합함으로 추가로 더 연구하여야 한다고 인정하였다.

따라서 2001년에는 미국과 캐나다의 6개 연구 팀이 해충 저항성 옥수수 재배 포장에서 정밀 실험을 수행한 결과 그런 사실이 없음이 밝혀졌고 이들 결과가 미국 과학한림원지(Proceedings of National Academy of Science, USA)에 발표되었다. 연구자들은 해충 저항성 옥수수의 꽃가루에서 독소 유전자가 매우 약하고, 4000개 정도의 꽃가루를 먹기 전에는 생육이 저해되지 않았으며, 먹이가 되는 잡초의 잎 cm2당 쌓일 수 있는 꽃가루 수가 최대 약120개이므로 제왕나비 애벌레가 위험에 노출될 경우는 거의 없다고 주장하고 옥수수 밭과 먹이 잡초와의 거리, 꽃가루가 날리는 시기와 애벌레가 발육하는 시기가 겹치는 기간 등을 감안한다면 해충 저항성 옥수수가 나타내는 나쁜 영향은 거의 없다고 보고하였다. 미국 환경청(EPA)은 이들의 연구 결과를 바탕으로 Bt 독소 유전자가 삽입된 유전자 변형 해충 저항성 옥수수를 재배하는 것이 다른 곤충의 생육을 나쁘게 하여 제왕나비와 같은 생물이 멸종되는 일이 생길 수 없다고 공식적으로 발표하였다.

한편 해충 저항성 옥수수만을 재배하게 되면 조명나방이 독소 단백질에 대하여 저항성을 얻게 되고 세대가 거듭될수록 곤충 집단 내 저항성 해충의 밀도가 높아져 결국에는 자연 생태계의 조명나방은 모두 Bt 독소에 저항성을 지닐 가능성이 있으며, 이렇게 되면 막대한 자금을 들여 해충 저항성 농작물을 개발한 종묘 회사로서는 큰일일 것이다. 1996년에 미국 환경청(EPA)은 해충 저항성 생명공학 옥수수를 재배할 때는 보통 옥수수만 재배하는 피난처(refuge)를 만들도록 하였다. 즉 살충제를 살포하는 피난처의 경우에는 해충 저항성 옥수수 재배 면적의 20%, 살충제를 살포하지 않

그림 8-2. 제왕나비 애벌레

을 경우에는 해충 저항성 옥수수 재배 면적의 4%를 피난처로 확보함으로서 저항성 해충과 그렇지 않은 해충 간의 짝짓기를 유도하여 곤충 집단 내 저항성 해충의 증가 속도가 더디도록 하였다. 이러한 조치가 해충인 조명나방을 위한 것인지 종묘 회사를 위한 것인지 언뜻 이해가 되지 않는다.

3. 맺는 글

현재 우리에게 전달되는 정보는 그 종류 및 숫자가 엄청나다. 그러나 우리는 그 모든 정보를 다 정확하게 이해할 수도 없고 더구나 그 진위 여부를 가리기란 더더욱 어렵다. 보통 정치 또는 사회와 관련된 정보에 대해서는 어느 정도 사실이 아니거나 주관적 주장이 개입되어 있을 것으로 미루어 짐작하는 것이 일반적인 경향이라고 할 수 있다. 그러나 그 정보가 과학에 관련된 것이라면 어떨까? 과학적 정보에 대해서만은 그 진위 여부 또는 사실의 범위에 관하여 의심하지 않고 받아들인다. 왜냐하면 과학이니까. 과학은 항상 진실이고 사실이며 거짓말을 할 수 없는 것이니까. 원칙적으로는 맞는 말이다. 그러나 확인되지 않은 사실을 과학적 논리로 주장하면 어떨까. 보통 사람들은 사실로 믿을 수밖에 없을 것이다. 특히 우리가 먹는 식품과 관련된 것이라면? 우리는 전통적으로 사회적 규범의 위반에 대해서는 어찌할 수 없는 상황을 고려하여 약간은 관대한 경향이 있으나 사람이 먹는 음식을 가지고 소위 장난(?)을 치는 것에 대해서 만큼은 관대하지 않다.

이제 유전자를 인공적으로 가공하여 생물체에 이식시켜 농사를 짓거나 배양기에서 생산하여 식품으로 활용하는 생명공학 시대가 우리 앞에 현실로 다가와 있다. 유전자 변형 식품은 우리 가족의 식탁에도 이미 올라와 있다. 생명공학 작물의 안전성에 대한 논란은 지난 10여 년간 세상을 뜨겁게 달구다가 국제 협약 바이오 안전성 의정서(Biosafety Protocol)가 채택된 후로는 조금 가라앉는 분위기이다. 그러나 여전히 생명공학 식품의 안전성에 대한 관심은 식을 줄 모른다. 이러한 관심은 과학이 인류의 행복만을 위하여 발전되도록 감시하고 견제하기 위해서 매우 중요하다. 그러나 진정한 감시는 과학적 사실에 근거하여야 하며 그렇지 않을 경우 소비자에게 잘못된 정보를 전달하게 되는 것인데, 이러한 일은 생명공학 작물에 대해서만은 유독 빈번하게 일어나고 있는 현상이기도 하다.

9

생명공학 작물의
가능성과 미래

UN의 세계 인구 예측에 따르면 세계의 인구는 끊임없이 증가하여 2050년에는 90억 명에 이를 것으로 추정된다. 따라서 인구의 증가와 더불어 세계의 식량 수요는 계속 증가할 수밖에 없다. 지금까지는 식량 증산을 위하여 경지 면적을 확대하고, 화학 비료와 농약을 사용하고, 통일벼와 같은 다수확 품종을 개발 및 재배하여 왔다. 그러나 계속된 산업화와 더불어 이용할 수 있는 농지 면적은 줄어들고 있고, 화학 비료나 농약의 사용도 환경보존 요구로 제한받고 있어 이러한 방법에 의한 식량 증산은 한계를 보이게 되었다. 또한 소비자의 욕구도 다양해져 식량 자원의 품종 개량 중요성과 필요성이 증가되었다. 이에 육종 학자들은 새로운 품종을 효율적으로 개발하기 위하여 생명공학 기술을 이용하게 되었다.

전통 교배 육종의 여러 한계를 극복하기 위해서는 유용 유전자를 이용한 형질 전환 기술이 가장 확실한 방법으로 평가되고 있다. 21세기는 맞춤 작물의 시대가 될 것이다. 현재 재배 중인 대부분의 형질 전환 작물은 제초제 혹은 해충 저항성 작물들로 생산 원가를 절감하거나 수확량을 증가시킨다.

'제1세대 생명공학 농산물' 은 전환된 형질에 따라 다음과 같이 분류하기도 한다. '제1세대 생명공학 농산물' 은 기존의 교배 육종 방법으로는 불가능한 새로운 영농 특성을 부여한 것이다. 제초제 내성, 병해충 저항성 작물 등의 성질을 부여하여 종자 회사, 농약 회사 및 농부 등 생산자에게 유리한 특성을 갖고 있다.

'제2세대 생명공학 농산물' 은 지방산 조성을 변화시킨 대두 혹은 카놀라유, 유통 기간이 연장된 토마토 등 가공 특성을 향상시키거나 혹은 가공 비용을 절감할 수 있는 제품으로 지금 막 시장에 나올 준비를 마친 것들이다. 이들은 유통 혹은 식품 가공업자들에게 유리한 특성을 갖고 있다.

그리고 '제3세대 생명공학 농산물' 은 비타민 A를 강화한 황금쌀(Golden Rice)과 같이 영양가가 향상되었거나, 식용 백신, 항암 성분, 혈압 강하제 등 의약용 성분이 강화되어 소위 기능성 건강 식품 등으로 불린다. 구매력이 있는 소비자들에게 유익하여 자발적으로 찾는 것으로 다음 세대의 생명공학 작물로 일컬어진다.

점차 증가할 제 2, 3세대형 작물들은 특정한 영양소와 건강 기능성을 향상시켜 부가 가치를 증가시킨 신품종이 지속적으로 개발되고 보급될 것이다. 유전자의 이식 기술은 더욱 발달하여 보편적이고, 효과적이고, 안전하며, 안정적인 방법이 개발될 것이다. 결국은 유용한 특성을 결정하는 유용 유전자의 확보 여부에 따라 목적의 달성 및 산업적 경쟁력이 결정될 것이다.

그러나 아직도 생물의 특성을 결정짓는 특정 유전자의 실체를 규명하기란 그리 쉽지가 않다. 애기장대와 벼의 유전자 정보가 밝혀졌지만 기능이 밝혀진 유전자는 아직 5% 정도에 불과하다. 장차 유전자의 완전 해독과 형질 전환 기술의 획기적인 발전을 통하여 기계의 부속품을 교체하듯이 우수한 유전자를 효율적으로 삽입하고 조립함으로써 성능이 우수한 품종을 대량 생산하는 시대가 도래할 것으로 전망된다. 이에 따르는 환경 및 식품 안전성의 문제 또한 보다 정밀한 기계와 기술의 개발로 소비자의 요구에 부응할 수 있을 것이다.

현재 개발 중인 작물 중 특이한 것들을 살펴보면 연화가 더욱 지연되고 카로틴 함량이 증진된 토마토, 카페인이 제거된 커피와 차, 일시 수확이 가능한 커피, 청바지용 청색 목화, 니코틴이 제거된 담배, 모르핀 성분이 제거되어 심장병 예방용 식용유를 추출할 수 있는 양귀비, 어린이 폐렴 및 기관지염 바이러스에 대한 백신 토마토, 세대를 단축시켜 조기 수확이 가능한 오렌지 나무, 천연물에 의한 진딧물 등의 해충 저항력을 강화시킨 작물 등이 있다. 그리고 단일 유전자에 의해 특성이 결정되는 경우를 넘어서서 거대 DNA 형태로 다수의 유전자를 동시에 이식 발현시키는 기술이 보편화될 것이다.

21세기 생명공학 산업은 국내외에서 많은 연구 개발과 투자가 이루어지고 있다. 그러나 근본적으로 생명공학의 안전성에 대하여 올바른 인식을 가지고 있지 않으면 기본적인 진보나 더 이상의 개발은 기대할 수 없다. 이는 비단 생명공학 분야뿐만 아니라 모든 과학 기술 분야에 해당된다. 선진국의 경우 유전자 재조합 기술을 이용하여 개발된 식품은 안전성 평가를 기초 연구 단계부터 안전 관리 제도를 두고 관리하여 보다 안전성이 확보된 제품이 시장에 유통될 수 있도록 하고 있다. 우리나라의 경우 아직 상업화된 제품은 없으나, 연구 단계의 지침이 정착되지 않아 향후 국내 개발 제품의 안전성 확보를 위해서는 연구 개발자부터 안전성에 대한 재인식이 요구된다. 또한 이러한 안전장치 제도가 오히려 일반 시민들의 불안감을 조성하지 않도록 노력해야 한다.

1994년부터 산업화가 시작되어 13년이 경과한 지금 콩, 옥수수, 유채, 목화 등 작물은 세계적으로 38% 이상 생명공학 품종이 재배되고 있다. 초기에는 제초제 및 해충 저항성 품종이 주류를 이루고 있지만 다음 세대의 생명공학 식물은 단순한 제초제 및 병해충 저항성을 넘어서서 특정 영양 또는 건강기능성을 향상시켜 부가가치를 증가시킨 신품종이 지속적으로 개발 상업화될 것이다. 이 과정에서 고유성을 가진 유용 유전자의 대량 확보가 산업 경쟁력과 직결되어 무엇보다 중요하다. 생명공학 식물 제조 기술은 유용 유전자의 발굴 및 재조합, 식물 세포로의 이식 및 재분화를 통한 완전한 식물체 재생, 이를 품종으로 실용화하는 단계로 구성되어 있다. 생명공학 작물 개발기술의 산업적 경쟁력은 제품의 특성을 결정하는 유용 유전자의 효과적인 발굴과 재조합 유전자를 효과적으로 이식하는 형질 전환 기술에 따라 결정될 것이다. 따라서 선진 각국은 유용 유전자 발굴에 국가적 차원의 역량을 집중하여 국가 전략 산업으로 집중 육성하고 있다. 우리도 곡물 자급률이 26% 수준에 머무르고 있는 만큼 이 기술의 개발 활용을 통한 국내의 농업 생산성 향상과 함께 기술 및 종자 수출의 가능성을 실현시키기 위해 노력하여야 할 것이다.

한편 생명공학 농산물의 식품 및 환경 안전성에 대한 의구심이 일기 시작하였고, 생명공학 작물의 생산 및 소비에 대한 전반적인 문제가 뜨거운 쟁점으로 떠오르고 있으며, 이에 각국 정부는 객관적인 안전성을 확보하기 위한 제도적인 장치를 마련하게 되었다. 시간이 지나면서 생명공학 작물의 이점이 부각되고 재배 면적이 늘어나면서 소비자들의 이해도 개선되는 경향을 보이고 있다. 특히 그동안 생명공학 작물의 수입을 금지하던 유럽도 수입 금지 조치의 해제와 함께 2005년부터 적극적으로 수용 자세를 갖추어 재배 면적을 늘려가고 있으며 기업은 제품 개발에 박차를 가하고 있다. 초기에는 예상보다 부진한 진도를 보였으나 21세기는 생명공학 작물의 시대가 될 것임에 틀림없다.

생명공학 작물이 고기능성 농작물 생산 단계를 지나서 고가의 의약 성분

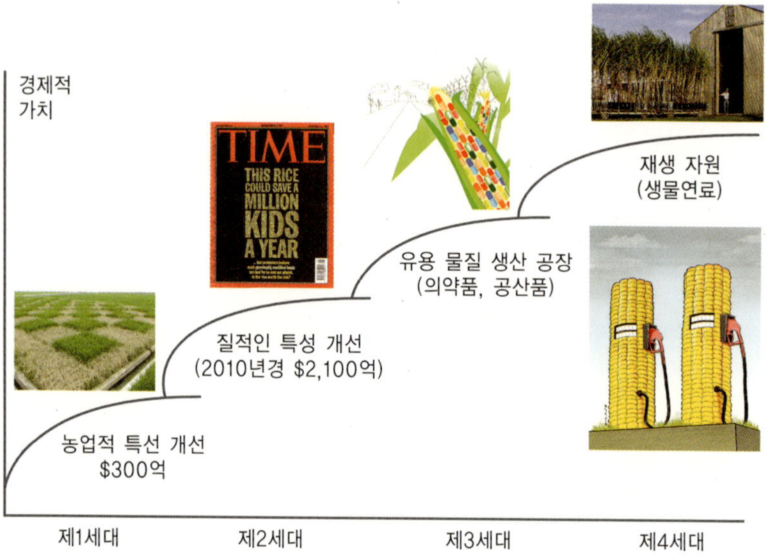

그림 9-1. 생명공학 기술의 진화 예측

을 효과적으로 대량생산하는 생체 반응기로서 활용되고 원유를 대신하여 생분해성 플라스틱 혹은 바이오 에너지 원료 물질 등 유용 물질 생산 수단으로 활용될 경우 이 기술의 잠재력은 상상을 초월 것이다. 그리고 다수가 보편적으로 혜택을 누릴 수 있는 생명공학 기술로 자리 잡아 갈 것이다(그림 9-1).

찾아보기

찾아보기

ㅇ

ㅈ

(재)작물유전체기능연구사업단

재단법인 작물유전체기능사업단은 과학기술부 21세기 프론티어 연구 개발 사업을 수행하기 위해 2001년 설립되었다. 생명공학 작물 개발에 이용될 수 있는 새로운 유용 유전자를 대량으로 발굴하고 이를 활용하여 고부가가치 신기능 신품종 작물의 개발을 목표로 한다. 전국적으로 대학, 연구소 및 산업체의 200여 명의 박사 연구원이 사업에 참여하고 있다.

농업생명기술바로알기협의회

농업생명기술바로알기협의회는 과학적인 지식과 논의를 바탕으로 농업 생명기술의 잠재력과 개발 과정 및 그 산물의 안전성과 위해성에 대하여 올바른 인식을 갖는데 기여함을 목적으로 2002년에 결성되었다. 현재 대학, 연구소, 산업체, 정부기관에 소속된 농학자, 생명공학자, 환경과학자, 의사, 법학자, 사회과학자 등 100여 명의 회원으로 구성되어 있다.

식탁 위의 생명공학(개정판)

초　판 1쇄 발행 | 2002년 9월 19일
개정판 2쇄 발행 | 2013년 6월 20일

글쓴이 | 농업생명공학기술바로알기협의회
펴낸이 | 김선기
편집 | 김지선 · 다함
펴낸곳 | 주식회사 푸른길
출판등록 | 1996년 4월 12일 제16-1292호
주소 | 152-847 서울시 구로구 디지털로 33길 48 대륭포스트 7차 1008호
전화 | 02)523-2907, 6942-9570~2　　**팩스** | 02)523-2951
이메일 | purungilbook@naver.com
홈페이지 | www.purungil.co.kr

값 13,000원

ISBN　978-89-6291-114-5 03470

*잘못된 책은 바꿔 드립니다.